U0295710

青海野生动物多样性丛书

玛可河林区鸟类多样性

主 编 宋 虓 薛长福 徐爱春

内容简介

本书以图文结合的形式记录了青海省果洛藏族自治州玛可河林区的鸟类多样性现状，共计15目36科82属132种。本书为其中116种鸟类配有照片，展示其主要分类特征、生物学习性、居留类型和保护等级等，分析玛可河鸟类群落的特点、历史变迁及其影响因素，提出玛可河生物多样性保护对策。

本书适合从事高原生物学研究、生物多样性调查与监测、科学普及、环保教育的科技人员，以及高原生物爱好者、高原旅行者、牧民等阅读和使用。

图书在版编目（CIP）数据

玛可河林区鸟类多样性 / 宋虓，薛长福，徐爱春主编. —上海：上海交通大学出版社，2023.12
（青海野生动物多样性丛书）
ISBN 978-7-313-29841-6

Ⅰ. ①玛… Ⅱ. ①宋… ②薛… ③徐… Ⅲ. ①鸟类—自然保护区—生物多样性—研究—班玛县 Ⅳ. ①S759.992.444

中国国家版本馆CIP数据核字（2023）第219266号

玛可河林区鸟类多样性
MAKEHE LINQU NIAOLEI DUOYANGXING

主　　编：宋　虓　薛长福　徐爱春
出版发行：上海交通大学出版社
地　　址：上海市番禺路951号
邮政编码：200030
电　　话：021-64071208
印　　制：苏州市越洋印刷有限公司
经　　销：全国新华书店
开　　本：710mm × 1000mm　1/16
印　　张：11.75
字　　数：177千字
版　　次：2023年12月第1版
印　　次：2023年12月第1次印刷
书　　号：ISBN 978-7-313-29841-6
定　　价：78.00元

本书编委会

主　　编　宋　虓　薛长福　徐爱春

副 主 编　严斌祖　马占宝　薛顺芝
　　　　　　张启成　申　萍　吴国生

编委会成员　王　扬　徐海燕　俞美霞
　　　　　　达焕云　马秀丽　马玉婷
　　　　　　贾红梅　祁财顺　张铁成
　　　　　　何顺福　赵闪闪

前言

开展野生动物资源与多样性调查及监测是《中华人民共和国野生动物保护法》和《中华人民共和国陆生野生动物保护实施条例》的明确规定，也是政府相关部门进行科学决策和管理（如依法制订野生动物资源保护、发展和合理利用规划等）的基础，是评价野生动物保护成效的重要依据。珍稀濒危野生动物的动态监测和保护是客观了解生物多样性变化，评估管理成效、制定保护政策的基础工作和重要手段。2010年发布的《中国生物多样性保护战略与行动计划》（2011—2030年）已把构建我国生物多样性监测网络体系列为优先行动。2014年“中国生物多样性保护国家委员会”第二次会议中强调“要加快建立布局合理、功能完善的国家生物多样性监测和预警体系，及时掌握动态变化，开展保护状况评估，为做好保护工作提供支撑”。2015年国务院批准启动实施生物多样性保护重大工程，开展生物多样性监测是其中一项重要任务。

青海最大的价值在生态、最大的责任在生态、最大的潜力也在生态，因此必须把生态文明建设放在突出位置来抓。青藏高原是具有全球意义的生物多样性重要地区，青海省独特的自然条件与地理环境造就了多样的自然景观和复杂的生态系统，为高原野生动物资源的形成与发育提供了空间。由于近几十年来的经济快速发展、城镇化扩张、交通路网建设等原因，自然生境的破坏和破碎化程度加剧，加上难以完全禁止的偷猎行为，青海省脊椎动物的生存状态受到严重威胁，其中哺乳动物受威胁比例为26.4%，高于全国的平均值。

玛可河林区位于青藏高原与川西高山峡谷区的过渡区，是青藏高原重要的生态敏感区，是森林生长的极限地带。林区位于青海省果洛藏族自治州班玛县境内，地处巴颜喀拉山支脉果洛山的南麓，属大渡河流域的高山峡谷区，是青海省长江流域大渡河源区面积最大、分布最集中、海拔最高的高原原始林区。林区山脉走向为西北—东南，玛可河贯穿林区，形成典型高山山地地形，沟谷纵横，呈高山峡谷地貌。林区拥有青南高原最为齐全的森林植被类型，因此生态地位特殊，生态环境类型多样，野生动物资源丰富。

自1965年成立国有林场以来，玛可河林区专注于森林采伐和森林保育有近55年的历史，相对忽视了野生动物的本底调查和监测工作，造成林区内野生动物本底资源状况不清楚，对林区内珍稀濒危物种的种类、数量和分布情况不掌握，对珍稀濒危野生动物栖息地的状态和质量不了解，对珍稀濒危野生动物致危原因不清楚等现状，极其不利于科学化林区管理。此外，近年来随着人类活动干扰、污染物排放、水利水电截留开发等行为的不断增加，当地生态系统遭到了不同程度的破坏，以致部分珍稀濒危物种难以生存和繁衍，如玛可河及其流域中的一些土著鱼类（如川陕哲罗鲑等）已难觅踪迹，部分洄游种类濒临灭绝。

为了掌握玛可河林区内鸟类的生存状态、种群动态变化及受威胁的状况，开展玛可河林区内珍稀濒危鸟类的本底调查、监测和保护工作就显得尤为迫切。相关工作的开展能为林场提出针对性的保护对策，也为科技工作者的科学研究、社会公众的科学普及活动、科技创新、保障国家生物安全及有效保护和合理利用动物资源等提供支持。

本书中鸟类物种根据《中国鸟类分类与分布名录（第三版）》和《中国鸟类野外手册》进行鉴定和分类。鸟类物种的鉴别特征依照头部、上颈、背部、肩部、腰部、尾上覆羽、尾部、翅上覆羽、两翅、颏喉、下颈、胸腹、尾下覆羽顺序进行描述。

感谢青海省林业和草原局多年来对我们在野生动物资源调查和研究方面的支持和鼓励，感谢西宁野生动物园何顺福、关晓斌、柳发旺等，江苏观鸟会邹维明，浙江野鸟会俞肖剑及聂闻文，绍兴市自然资源和规划局赵锷及钱科，南京理工大学梁志坚先生等参与野外调查工作；感谢邹维明、赵锷、俞肖剑、梁志坚、聂闻文先生为本书提供野生动物照片；感谢浙江农林大学鲁庆斌副教授和中国计量大学珍稀濒危野生动物与多样性研究所全体同仁及研究生参与了材料整理和分析。

由于编者的业务水平和能力有限，难免存在错漏之处，欢迎读者批评指正。

目录

1 概　述

鸟类作为陆生脊椎动物中分布最广、种类最多、被研究最为频繁的类群，在生态系统中位于中高营养级，可以通过食物链的下行效应调控群落结构和物种组成，对维持生态平衡具有重要的积极作用。鸟类多样性不仅可以描述群落特征，还可以反映栖息地的适宜程度和生态系统的健康程度，对生物多样性监测和环境质量评价起到指示作用。因此，在湿地、森林和高原等不同类型的生态系统中，通常都选取鸟类作为指示物种进行生物多样性研究。

2019—2020年通过样线法和红外相机法在玛可河林区内开展了鸟类多样性调查，并通过文献检索和公众观鸟信息搜集，整合了玛可河林区多个来源的鸟类历史记录，统计分析了鸟类多样性和区系组成、珍稀濒危状况，为玛可河林业局野生鸟类保护与管理政策的制定和资源的优化配置提供科学依据，也为未来玛可河林区乃至青藏高原与横断山脉过渡地区的鸟类多样性研究和保护工作提供本底信息。

1.1 玛可河林区自然概况

玛可河林区（100°38′～101°15′E，32°37′～33°10′N）位于青海省果洛藏族自治州班玛县境内，为青藏高原与川西高山峡谷区的过渡地带，是青藏高原重要的生态敏感区，也是森林分布海拔高度的极限区域。林区东西长49 km，南北宽21 km，区域总面积约1 018 km^2，是长江流域面积最大、分布最集中、海拔最高的原始林区。林区山脉走向为西北—东南，形成典型的高山山地地形，沟谷纵横，呈高山峡谷地貌，北部和西部最高海拔达5 300 m，东南部最低海拔3 147 m，相对高差1 800多m，平均海拔3 500 m（图1.1）。

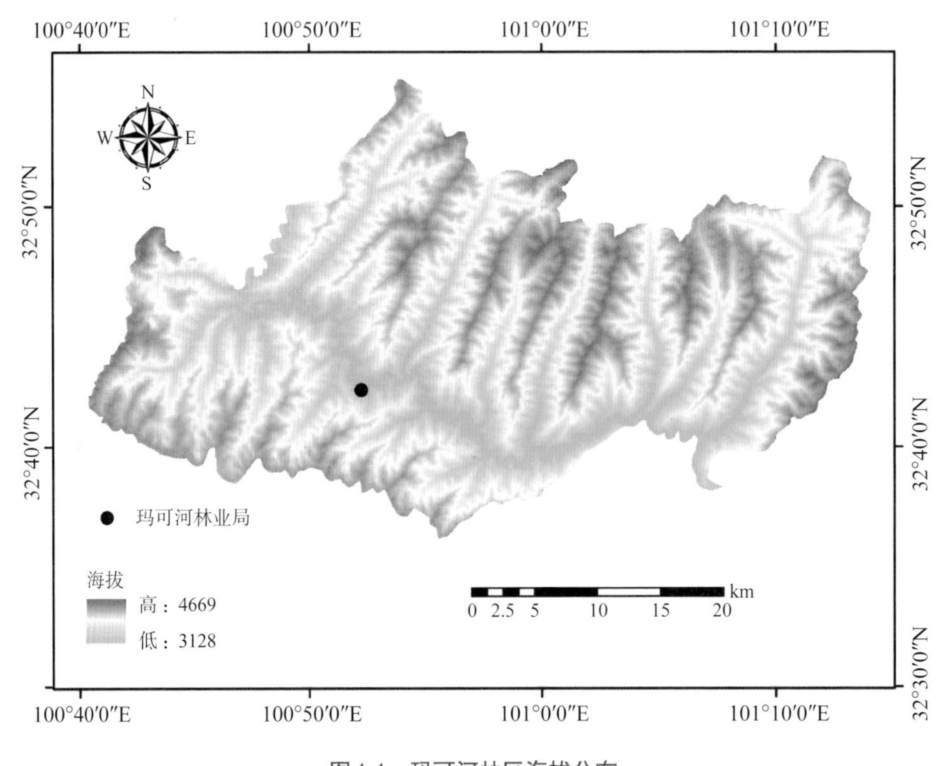

图1.1　玛可河林区海拔分布

玛可河属长江水系，由西北向东南贯穿林区，为大渡河的主源流，在青海境内称玛可河，进入四川境内称大渡河，境内流程88.5 km，林区内有18条三级支流。境内多年平均流量为94.47 m^3/s，年均径流量为16.5亿m^3。

林区气候属青藏高原气候系统。总的气候特点是：冬暖夏凉，年温差较小，日温差较大，降雨量较多，且多集中在夜间，阵性降水时间短，强度大。气温随海拔升高而逐渐降低，无绝对无霜期。年平均气温3℃，7月平均气温最高为10℃，1月平均气温最低为−7.5℃；年平均降水量600 mm，集中于6—9月，是青海省降水最多的地区之一。

林区内分布有寒温性常绿针叶林、寒温性落叶针叶林、落叶阔叶林、温性灌丛、高寒灌丛、温性草原、高寒草原、高寒草甸、沼泽草甸、高寒垫伏植被、高寒流失坡植被等多种植被类型，拥有青南高原最为齐全的森林植被类型，森林覆盖率为69.58%。

林区生态地位特殊，生态环境类型多样，野生动物资源丰富。林区有森林植物67科220属466种。森林分布范围为海拔3 200 ～ 4 200 m，以川西云杉、紫果云杉、岷江冷杉和红杉为优势树种，分布于阴坡的主要坡面；方枝柏、塔枝柏等阳生树种呈块状分布于阳坡、半阳坡。野生动物种类也十分丰富，特别是我国特有物种较多，很多是中国国家级重点保护物种。

1.2 玛可河林区社会经济概况

林区由省属事业单位玛可河林业局管理，距省会西宁约830 km，路途遥远、交通落后，通信不便，社会相对封闭，经济较为落后。截至2022年底，林区含2个藏族乡，9个行政村，910户牧民，6 000余名群众，有宗教活动点及寺院8处，全民信奉藏传佛教。

林区群众以畜牧业为主，兼营小块农耕地，农牧民群众生活水平低，牧民放牧以原始的野外散放为主，牧场与森林相互交错，“林中有牧，牧中有林”。受地理位置和交通限制，林区牧民开展多种经营基本处于空白，只有少数群众自发性开展货运、商业服务零售点和挖药材、采摘食用菌等。

多年来，林区社会经济发展受当地自然条件、思想观念和社会发育程度的影响，其经济发展较为落后，社会公共基础建设缓慢，单一的牧业经济发展模式和落后的生产生活方式与林区生态环境保护之间的林牧矛盾较为凸显，特别是农牧民修房、取暖和生活燃料都依靠林木为原料，林区森林资源和生态建设受到不同程度的破坏。

1.3 调查研究方法

1.3.1 研究文献和历史资料数据

查阅《青海野生动物资源与管理》《青海经济动物志》及相关保护区

资源考察报告等文献资料，厘清玛可河林区陆生脊椎动物种类、数量及分布的历史等信息。

1.3.2 野生动物监测数据

自2019年开始，每年在玛可河林区采用样线法对当地的野生动物进行种类、数量和分布的调查与监测工作。根据当地繁殖鸟类的生活习性，将监测时间分3次进行，第一次监测主要针对本地留鸟，时间为5月中旬至6月初；第二次监测主要针对夏候鸟，时间为6月中旬至7月初；第三次监测主要针对冬候鸟，时间为12月中旬至翌年1月。每天监测时间为上午6:30—9:30。在天气不佳、影响鸟类活动的时间不进行观测。

1.3.3 野生动物调查方法

1.3.3.1 样点法

样点法最常用的方法是记录以观测者为圆心的一定半径范围内所有鸟类个体，然后通过鸟类统计数和样点面积来测定鸟类密度。此方法关键在半径大小的选择，半径过大，鸟类个体被遗漏的可能性就越大；半径过小，鸟类在被发现前因为观测者干扰而飞出的可能性增大。因此，所选择的样点半径既要保证在该半径内所有的鸟都能被发现，又不会有鸟类个体因观测者的存在，而飞进或飞出该样点，通常在森林环境中，样点半径一般选择为25 m。

1.3.3.2 样线法

按照统计学要求布设调查样线，在调查样线上行进，观察并记录样线两侧野生动物或其活动痕迹，并测量它们距离样线中线垂直距离。观察方法通常是在野外通过目击识别、鸣/叫声辨别、痕迹（如足迹链、食痕等）识别和摄影取证等方法。

样线布设采用分层抽样法，根据植被类型代表性、海拔高度、人为干扰情况分层设置样线。鸟类调查样线长度为2～3 km，样线单侧宽度为100 m，调查时步行速度控制在1～3 km/h；每次进行调查的时间以鸟类活动较为频繁的晨昏为主，根据季节差异一般选在上午6:30—9:30和下午17:30—19:30。

1.3.3.3 自动红外相机陷阱法

自动红外相机陷阱法（又称红外相机调查法）也称野生动物监测自动相机技术，是指通过自动相机系统（如被动式/主动式红外触发相机或定时拍摄像机等）来获取野生动物图像数据（如照片和视频）。与传统的野生动物种群调查、监测方法（如样线法、标记-重捕法、痕迹法、轰赶法、访问法等）相比，红外相机作为一种非伤害性的野生动物监测技术，具有人为因素限制少、对动物影响较小、可24 h全天候持续工作等优点。

（1）红外相机布设方法。采用公里网格的方式布设红外相机。首先将调查区域用ArcGIS10.0软件以通用横墨卡托投影（universal transverse mercator projection, UTM）坐标为基准建立1 km × 1 km面积的网格，然后依据可抵达性和连续分布性原则抽取3个监测样区，在每个监测样区的网格中心位置预设相机布设位点，每个监测样区放置约20台红外相机；如果网格涵盖的保护区面积大于50%，则调整该网格相机布设位点于保护区范围内，涵盖的面积小于50%则放弃在该网格内放置相机。记录每个网格预设相机布设位点的全球定位系统（global positioning system, GPS）经纬度。相机布设密度为1台/km^2。

（2）红外相机安放。通过手持GPS引导，在野外找到每个样区的相机布设位点，在其附近20 m范围内根据野生动物活动痕迹、是否有水塘及兽径选择实际布设位点。确定和记录每个相机实际布设位点的经度、纬度和海拔等基本信息。在野外布设相机的同时，根据标准表格记录相关数据（表1.1）。

表 1.1 红外相机环境及野生动物记录

安放时间：____年____月____日____时____天气状况：________ 安放人：________
相机位点：N ____°____′____″ E ____°____′____″ 海拔：____m
坡度：________ 坡位：________ 坡向：________ 植被类型：________ 盖度：____%
相机编号：______ 相机型号：______ 储卡号：______ 装卡人：______ 取卡人：____
装卡时间：____年____月____日____时；取卡时间：____年____月____日____时

照片序号	动物名称	动物数量	拍摄日期	拍摄时间	连拍数量	备注

（3）红外相机照片的判读。红外相机在白天拍摄的是彩色照片/视频，而夜间或低光下拍摄的是黑白照片/视频。取回的相机卡及时进行判读。对所有照片进行鉴定和分类，并记录动物的数量、拍摄时间、连拍张数等信息。

1.3.3.4 访问调查

对于部分野生动物，采取了访问的形式进行辅助调查，即向周边区域生活的、有经验的人进行咨询，以确定其种类及数量。

1.3.3.5 其他来源

参考当地观鸟、摄鸟人士的观察记录和照片，用于补充完善玛可河林区的野生动物数据资源。此外，还调阅当地社会经济和重要林业（动物）案件资料，以确定影响野生动物种群及与人类关系方面的信息。

2 玛可河林区生物多样性的保护

玛可河林区是一个森林的王国。在长达百公里的玛可河谷南北侧，像哑巴沟这样的沟汊就有18条，最长的美浪沟就有30多km。玛可河谷是森林的海洋，而随便走进两侧的任何一条沟，同样是遨游在大树的世界。每条沟的森林都滋养了一条河流，这18条沟里流出的18条河流汇成的是玛可河——长江上游的重要支流大渡河的一级支流。从这里，每年要向长江流域输送16.5亿m^3的水资源，占长江源头总径流量的9.3%，而青海境内黄河、长江输出水量分别占总流量的1/2和1/4。

2.1 玛可河林区生物多样性的历史变迁

高寒缺氧的青海高原上森林资源非常稀少，大小60多块森林资源零散地分布在长江、黄河、澜沧江以及黑河上游的高山峡谷之中。玛可河林区就是这60块原始森林中面积最大、分布最集中、海拔最高的一片天然林区。林区以川西云杉和紫果云杉为优势树种组成寒温带针叶林，自西向东流淌的玛可河南侧的山坡上满是茂密的川西云杉、白桦、大果圆柏、祁连圆柏的混交林，林相整齐、分布均匀。在全国林业区划中界定为重点生态公益型林区。

林区自1965年建场至1998年，共消耗木材近百万立方米，为国家提供商品材69万m^3，有力地支援了国家建设。当地居民人均耕地及草场面积较少，属于半农半牧的生产模式，耕种较为粗放，农业生产效率低；牧业以养牛为主，草场载畜量高。因此，几十年的累积结果使生物多样性一直处于严重威胁中，并逐渐走向丧失的道路。

1998年国家宣布停止天然林资源采伐后，玛可河林区被列入天然林资源保护工程建设区，在省内率先启动天然林资源保护工程，天然林采伐量调减为零。从此，曾经的伐木工人变成了护林者，曾经是青海省内最大的森工企业变成了护林造林的事业单位。森工企业的工人们放下了伐木的斧子，拿起了植树护林的铁锹，这些幸存的老树和它的“子孙”们终于得以平平安安地发挥它们的生态功能了。2000年，玛可河林区被纳入三江源自然保护区核心区。2004年，林区又启动了国家重点公益林保护和建设项目。

多年来，玛可河林区天然林资源保护工程建设累计完成人工造林3 623.7 hm^2，封山育林3.5万hm^2，幼林抚育1 178.33 hm^2，人工促进天然更新1.2万hm^2。还完成了国家重点公益林保护管理项目和三江源自然保护区保护管理项目的封山育林补植3.3万余亩（1亩=6 000/9 m^2）。生物多样性得到极大的改善。

经过近10年的保护与建设，玛可河林区森林覆盖率由50.1%增加到69.5%，提高19.4个百分点。党的十八大以来，林场不断创新思路，大力推进村级管护承包，林区承包管护面积已达4.3万hm^2，实现了森林资源由行业管理模式向社会管理模式的转变。同时，盗伐林木案件逐年下降，林区连续30年未发生重大森林火灾，资源保育达到“黄金值”。林区周边的农牧民群众也积极参与林业建设和管护，在绿水青山间增加收入，实现了生态、社会效益双丰收。

时光流逝到2020年的金秋，国家林业和草原局将班玛县红军沟纳入首批国家草原自然公园试点建设范围，成为青海自然保护地体系的重要组成部分，通过国家自然公园建设，进一步协调森林、草原和野生动植物之间的关系，保护森林、草原资源及野生动植物，保护玛可河林区的生物多样性，促进草原的科学保护和合理利用。

2.2 影响玛可河林区生物多样性的因素

威胁玛可河林区生物多样性的因素多种多样。首先，人类活动是影响生物多样性的主要因素，包括生物生存环境的破坏和污染，人类对物种的过度开发，人口流动造成的有害生物的主动或被动引入，以及疾病的加速传播等。其次，人口数量的不断增加需得利用更多的自然资源，将更多的生物生存环境变为农商业或居住用地，因此人类对生物多样性的减少负有重要责任。此外，人类对自然资源的低效率、不平衡的利用也是造成生物多样性衰落的主要原因。具体的影响因素阐述如下。

2.2.1 气候变化

由于人们焚烧化石燃料，如石油、煤炭等，或砍伐森林并将其焚烧时会产生大量的CO_2，即温室气体，这些温室气体对来自太阳辐射的可见光具有高度透过性，而对地球发射出来的长波辐射具有高度吸收性，能强烈吸收地面辐射中的红外线，导致地球温度上升，即温室效应。全球变暖会引发全球降水量重新分配、冰川和冻土消融、海平面上升等，不仅危害自然生态系统的平衡，还影响人类健康，甚至威胁人类的生存。

全球变暖导致陆地水分大量流失，随时会发生“星星之火，可以燎原”。不光是森林中的山火，城市中的火灾也将会非常频繁。据研究，森林火灾次数、受害森林面积及经济损失与平均气温和最高气温呈正相关，温度越高，火灾次数越多，受害面积越大，经济损失越重。

全球气候变暖影响和破坏了生态系统的食物链，带来严重的自然恶果。例如一些鸟类每年从澳大利亚飞到中国东北过夏天，但由于全球气候变暖使中国东北气温升高，夏天延伸，这种鸟离开东北的时间相应变迟，再次回到东北的时间也相应延后。温度上升，无脊椎类动物，尤其是昆虫类生物提早从冬眠中苏醒，靠这些昆虫为生的长途迁徙动物却无法及时赶上，错过捕食的时机，从而大量死亡。昆虫们提前苏醒，因为没有了天敌，将会肆无忌惮地吃掉大片森林和庄稼。而在玛可河林区，受近几年连续干旱、冬季偏暖等因素的影响，害虫越冬死亡率低，发生面积有所增大，在当前资金、人力、技术等有限的情况下，防治难度加大。

2.2.2 栖息地丧失

自20世纪60年代中期以来，国家经济建设急需大量木材，过度采伐天然林是不可避免的，玛可河林区曾一度成为青海省的主要木材生产单位。一方面，由于过度采伐森林，可采资源锐减，森林资源遭到严重破坏，林分质量下降、森林结构失调、防护功能降低，生态效能也越来越低。另一方面，林区牧民群众无主要经济收入来源，受"靠山吃山"的传统的生活方式影响，烧薪做饭、取暖和修建房屋，仍然依赖木材，森林资源和生态环境受到不同程度的破坏和威胁，区域生态安全隐患凸显。

过度放牧是导致栖息地丧失的重要原因之一。在植物生长茂盛的草地，植物能够拦截降水，减少雨滴对地表的溅蚀和地表径流的形成，有利于降水的下渗。而放牧不仅通过影响群落的物种组成、群落盖度和生物量等间接影响土壤的水分循环、有机质和土壤盐分的累积，而且还通过牲畜的践踏、采食以及排泄物直接影响土壤的结构和化学性状。随着放牧强度的增加，牲畜践踏频率也随之增加，导致土壤表层压实，土壤容重增加，土壤非毛管孔隙减少，土壤渗透力和蓄水能力减弱。加之地表植被被破坏，植被的高度和盖度降低，地表裸露面积增大，土壤水分蒸发量加大，溶于地下水的可溶性盐类随着毛管水上升、迁移而累积于土壤表面，造成土壤pH值增大，盐碱化程度提高。长此以往，可造成盐碱土发育。过度放牧引起土壤盐碱化程度增加，最终导致非耐盐碱的植物减少，耐盐碱植物群落增加，从而加速了草原生态环境的恶化。放牧过重的退化草地水土流失严重，土壤向贫瘠方向发展，最终将导致荒漠化。

2.2.3 栖息地破碎化

栖息地破碎化是指在自然干扰或人为活动的影响下，大面积连续分布的栖息地被分隔成小面积不连续的栖息地斑块的过程。玛可河林区由于30多年的采伐和更新，大部分原始林已被人工林取代，加上运输木材需要交通道路，使整个林地被分隔成无数小块林地。因此，该林区已严重斑块化，或者是生物的栖息地破碎化。其结果是，除了缩小原有栖息地的总面积外，栖息地斑块的面积也会逐渐减少，致使栖息地斑块广泛地分离，邻近边缘的栖息地比例增加，边缘也变得越来越分明。

由于面积效应的作用，致使野生动物的种群数量减少，最终导致某些种类在小面积的斑块中消失，同时还可增加栖息地斑块中种群对干扰的敏感性。由于栖息地斑块的孤立和隔离，致使局部灭绝后的重新建群变得缓慢。有些物种如大型捕食者和留鸟对这些效应的高度敏感性会导致物种多样性的减少和群落结构的变化。由于边缘效应的作用，残余森林斑块内的种群和群落动态还会受到捕食、寄生和物理干扰等因素的控制。

2.2.4 偷猎和资源过度利用

随着班玛县农村公路建设的进行，玛可河保护区的交通条件得到了有效的改善，原来林区中只有一条班友公路，而现在通过林区公路的数量大幅度增加。为当地牧民的出现提供了便利条件，但同时给不法分子盗伐林木、盗运木材的行为创造了有利条件。在这种情况下，不法分子的盗伐行为更加猖獗，以往仅盗伐小径级木材，目前已经对所有木材进行盗伐，盗伐过程具有较高的机动性与隐蔽性。

近些年，当地农牧民得益于国家生态保护项目和各项补贴减免政策，群众生活水平逐渐提高，住房改善需求增加，对木材的需求量也在扩大。另外，村里电力设施基础薄弱，电力供应不能保障，村民过分依赖于薪柴，因而林木盗伐现象时有发生。林区基础设施建设和村民修建住房，需要大量的石料和砂石，河道取沙加剧了河岸坍塌和水质恶化。村内缺少垃圾转运和无害化处理设施，导致村民乱放垃圾，破坏和污染了环境。

此外，林区外来人口较多，主要是从事经商、建筑的人员，以及来林区盗猎、偷采草药的人员，给当地的自然生态环境带来了一定的压力，野外用火增加，给森林防火带来了隐患。

2.2.5 有害生物的侵入和危害

玛可河林区随着森林衰退的不断扩大，原始林分又以单一树种纯林为多，病虫危害加剧。由于连续干旱、冬季偏暖等因素，害虫越冬死亡率低，发生面积逐年有所上升。全林区发生严重能够成灾的有害生物已由20世纪80年代初的1种增加到4种。危害比较严重的小蠹虫、云杉矮槲寄生、松线小卷蛾、锈病等未得到较好的控制，在局部地区年年发生，甚至造成严重损失，对生态效益和社会效益也带来了不可估量的影响。

玛可河林区还是国际性检疫害虫——松材线虫病和国内检疫对象——红脂大小蠹的适生区。这两种害虫随时都有可能侵入林区，一旦侵入，很可能使林区大面积的原始森林在短期内遭到毁灭性损害，潜在的威胁不容忽视。

3

玛可河林区动物区系及多样性特点

本次调查记录到玛可河林区鸟类132种，隶属于15目36科（表3.1）。其中，以雀形目（89种）和鹰形目（10种）种数最多，分别占总数的67.42%和7.58%；从科级单元上看，鹟科和燕雀科为优势科，各有12种，占总种数的9.09%，鹰科有10种，占总种数的7.58%。

表3.1 玛可河林区鸟类多样性

序号	中文名	学　名	目	科	数据来源
1	斑尾榛鸡	*Tetrastes sewerzowi*	鸡形目	雉科	ABCD
2	红喉雉鹑	*Tetraophasis obscurus*	鸡形目	雉科	ABCD
3	藏雪鸡	*Tetraogallus tibetanus*	鸡形目	雉科	ABCD
4	高原山鹑	*Perdix hodgsoniae*	鸡形目	雉科	ABCD
5	血雉	*Ithaginis cruentus*	鸡形目	雉科	ABCD
6	白马鸡	*Crossoptilon crossoptilon*	鸡形目	雉科	ABCD
7	蓝马鸡	*Crossoptilon auritum*	鸡形目	雉科	ABCD
8	赤麻鸭	*Tadorna ferruginea*	雁形目	鸭科	BDE
9	普通秋沙鸭	*Mergus merganser*	雁形目	鸭科	BDE
10	岩鸽	*Columba rupestris*	鸽形目	鸠鸽科	ABC
11	雪鸽	*Columba leuconota*	鸽形目	鸠鸽科	ABC

续 表

序号	中文名	学　名	目	科	数据来源
12	山斑鸠	*Streptopelia orientalis*	鸽形目	鸠鸽科	ABC
13	灰斑鸠	*Streptopelia decaocto*	鸽形目	鸠鸽科	ABC
14	火斑鸠	*Streptopelia tranquebarica*	鸽形目	鸠鸽科	ABC
15	珠颈斑鸠	*Streptopelia chinensis*	鸽形目	鸠鸽科	ABC
16	大杜鹃	*Cuculus canorus*	鹃形目	杜鹃科	ABE
17	白胸苦恶鸟	*Amaurornis phoenicurus*	鹤形目	秧鸡科	BE
18	白骨顶	*Fulica atra*	鹤形目	秧鸡科	BE
19	鹮嘴鹬	*Ibidorhyncha struthersii*	鸻形目	鹮嘴鹬科	BE
20	普通鸬鹚	*Phalacrocorax carbo*	鲣鸟目	鸬鹚科	BE
21	池鹭	*Ardeola bacchus*	鹈形目	鹭科	BE
22	牛背鹭	*Bubulcus ibis*	鹈形目	鹭科	BE
23	大白鹭	*Ardea alba*	鹈形目	鹭科	BE
24	胡兀鹫	*Gypaetus barbatus*	鹰形目	鹰科	BDE
25	高山兀鹫	*Gyps himalayensis*	鹰形目	鹰科	BE
26	秃鹫	*Aegypius monachus*	鹰形目	鹰科	BDE
27	金雕	*Aquila chrysaetos*	鹰形目	鹰科	BDE
28	雀鹰	*Accipiter nisus*	鹰形目	鹰科	BE
29	白尾鹞	*Circus cyaneus*	鹰形目	鹰科	BE
30	黑鸢	*Milvus migrans*	鹰形目	鹰科	BDE
31	大鵟	*Buteo hemilasius*	鹰形目	鹰科	BE
32	普通鵟	*Buteo japonicus*	鹰形目	鹰科	BE
33	喜山鵟	*Buteo refectus*	鹰形目	鹰科	BE
34	戴胜	*Upupa epops*	犀鸟目	戴胜科	BE

续 表

序号	中文名	学　　名	目	科	数据来源
35	普通翠鸟	*Alcedo atthis*	佛法僧目	翠鸟科	BE
36	棕腹啄木鸟	*Dendrocopos hyperythrus*	啄木鸟目	啄木鸟科	ABC
37	大斑啄木鸟	*Dendrocopos major*	啄木鸟目	啄木鸟科	ABC
38	三趾啄木鸟	*Picoides tridactylus*	啄木鸟目	啄木鸟科	ABC
39	黑啄木鸟	*Dryocopus martius*	啄木鸟目	啄木鸟科	ABC
40	灰头绿啄木鸟	*Picus canus*	啄木鸟目	啄木鸟科	ABC
41	红隼	*Falco tinnunculus*	隼形目	隼科	BE
42	猎隼	*Falco cherrug*	隼形目	隼科	BE
43	灰喉山椒鸟	*Pericrocotus solaris*	雀形目	山椒鸟科	AB
44	长尾山椒鸟	*Pericrocotus ethologus*	雀形目	山椒鸟科	AB
45	虎纹伯劳	*Lanius tigrinus*	雀形目	伯劳科	AB
46	灰背伯劳	*Lanius tephronotus*	雀形目	伯劳科	AB
47	黑头噪鸦	*Perisoreus internigrans*	雀形目	鸦科	ABC
48	喜鹊	*Pica pica*	雀形目	鸦科	ABCE
49	红嘴山鸦	*Pyrrhocorax pyrrhocorax*	雀形目	鸦科	ABCE
50	黄嘴山鸦	*Pyrrhocorax graculus*	雀形目	鸦科	BE
51	达乌里寒鸦	*Corvus dauuricus*	雀形目	鸦科	BE
52	小嘴乌鸦	*Corvus corone*	雀形目	鸦科	BE
53	大嘴乌鸦	*Corvus macrorhynchos*	雀形目	鸦科	BE
54	渡鸦	*Corvus corax*	雀形目	鸦科	BE
55	黑冠山雀	*Periparus rubidiventris*	雀形目	山雀科	AB
56	褐冠山雀	*Lophophanes dichrous*	雀形目	山雀科	AB
57	白眉山雀	*Poecile superciliosus*	雀形目	山雀科	AB

续 表

序号	中文名	学　名	目	科	数据来源
58	四川褐头山雀	*Poecile weigoldicus*	雀形目	山雀科	AB
59	地山雀	*Pseudopodoces humilis*	雀形目	山雀科	AB
60	大山雀	*Parus cinereus*	雀形目	山雀科	AB
61	绿背山雀	*Parus monticolus*	雀形目	山雀科	AB
62	长嘴百灵	*Melanocorypha maxima*	雀形目	百灵科	AB
63	小云雀	*Alauda gulgula*	雀形目	百灵科	AB
64	角百灵	*Eremophila alpestris*	雀形目	百灵科	AB
65	中华短翅蝗莺	*Locustella tacsanowskia*	雀形目	蝗莺科	AB
66	崖沙燕	*Riparia riparia*	雀形目	燕科	BE
67	岩燕	*Ptyonoprogne rupestris*	雀形目	燕科	BE
68	烟腹毛脚燕	*Delichon dasypus*	雀形目	燕科	B
69	褐柳莺	*Phylloscopus fuscatus*	雀形目	柳莺科	AB
70	华西柳莺	*Phylloscopus occisinensis*	雀形目	柳莺科	AB
71	棕眉柳莺	*Phylloscopus armandii*	雀形目	柳莺科	AB
72	甘肃柳莺	*Phylloscopus kansuensis*	雀形目	柳莺科	AB
73	淡黄腰柳莺	*Phylloscopus chloronotus*	雀形目	柳莺科	AB
74	四川柳莺	*Phylloscopus forresti*	雀形目	柳莺科	AB
75	淡眉柳莺	*Phylloscopus humei*	雀形目	柳莺科	AB
76	暗绿柳莺	*Phylloscopus trochiloides*	雀形目	柳莺科	AB
77	乌嘴柳莺	*Phylloscopus magnirostris*	雀形目	柳莺科	AB
78	中华雀鹛	*Fulvetta striaticollis*	雀形目	莺鹛科	ABC
79	褐头雀鹛	*Fulvetta cinereiceps*	雀形目	莺鹛科	ABC
80	大噪鹛	*Garrulax maximus*	雀形目	噪鹛科	ABC

续 表

序号	中文名	学　　名	目	科	数据来源
81	山噪鹛	*Garrulax davidi*	雀形目	噪鹛科	ABC
82	橙翅噪鹛	*Trochalopteron elliotii*	雀形目	噪鹛科	ABC
83	霍氏旋木雀	*Certhia hodgsoni*	雀形目	旋木雀科	ABC
84	高山旋木雀	*Certhia himalayana*	雀形目	旋木雀科	ABC
85	黑头䴓	*Sitta villosa*	雀形目	䴓科	ABC
86	白脸䴓	*Sitta leucopsis*	雀形目	䴓科	ABC
87	鹪鹩	*Troglodytes troglodytes*	雀形目	鹪鹩科	AB
88	河乌	*Cinclus cinclus*	雀形目	河乌科	AB
89	长尾地鸫	*Zoothera dixoni*	雀形目	鸫科	ABC
90	灰头鸫	*Turdus rubrocanus*	雀形目	鸫科	ABC
91	棕背黑头鸫	*Turdus kessleri*	雀形目	鸫科	ABC
92	红胁蓝尾鸲	*Tarsiger cyanurus*	雀形目	鹟科	AB
93	蓝眉林鸲	*Tarsiger rufilatus*	雀形目	鹟科	AB
94	白喉红尾鸲	*Phoenicurus schisticeps*	雀形目	鹟科	AB
95	蓝额红尾鸲	*Phoenicurus frontalis*	雀形目	鹟科	AB
96	赭红尾鸲	*Phoenicurus ochruros*	雀形目	鹟科	AB
97	黑喉红尾鸲	*Phoenicurus hodgsoni*	雀形目	鹟科	AB
98	北红尾鸲	*Phoenicurus auroreus*	雀形目	鹟科	AB
99	红腹红尾鸲	*Phoenicurus erythrogastrus*	雀形目	鹟科	AB
100	白顶溪鸲	*Chaimarrornis leucocephalus*	雀形目	鹟科	AB
101	黑喉石䳭	*Saxicola maurus*	雀形目	鹟科	AB
102	蓝矶鸫	*Monticola solitarius*	雀形目	鹟科	AB
103	锈胸蓝姬鹟	*Ficedula sordida*	雀形目	鹟科	AB

续 表

序号	中文名	学　名	目	科	数据来源
104	戴菊	*Regulus regulus*	雀形目	戴菊科	AB
105	鸲岩鹨	*Prunella rubeculoides*	雀形目	岩鹨科	AB
106	棕胸岩鹨	*Prunella strophiata*	雀形目	岩鹨科	AB
107	褐岩鹨	*Prunella fulvescens*	雀形目	岩鹨科	AB
108	栗背岩鹨	*Prunella immaculata*	雀形目	岩鹨科	AB
109	麻雀	*Passer montanus*	雀形目	雀科	AB
110	石雀	*Petronia petronia*	雀形目	雀科	AB
111	褐翅雪雀	*Montifringilla adamsi*	雀形目	雀科	AB
112	白腰雪雀	*Onychostruthus taczanowskii*	雀形目	雀科	AB
113	棕颈雪雀	*Pyrgilauda ruficollis*	雀形目	雀科	AB
114	黄头鹡鸰	*Motacilla citreola*	雀形目	鹡鸰科	AB
115	灰鹡鸰	*Motacilla cinerea*	雀形目	鹡鸰科	AB
116	白鹡鸰	*Motacilla alba*	雀形目	鹡鸰科	ABC
117	树鹨	*Anthus hodgsoni*	雀形目	鹡鸰科	ABC
118	粉红胸鹨	*Anthus roseatus*	雀形目	鹡鸰科	ABC
119	白斑翅拟蜡嘴雀	*Mycerobas carnipes*	雀形目	燕雀科	ABC
120	灰头灰雀	*Pyrrhula erythaca*	雀形目	燕雀科	ABC
121	林岭雀	*Leucosticte nemoricola*	雀形目	燕雀科	ABC
122	高山岭雀	*Leucosticte brandti*	雀形目	燕雀科	ABC
123	普通朱雀	*Carpodacus erythrinus*	雀形目	燕雀科	ABC
124	红眉朱雀	*Carpodacus pulcherrimus*	雀形目	燕雀科	ABC
125	曙红朱雀	*Carpodacus waltoni*	雀形目	燕雀科	ABC

续 表

序号	中文名	学　名	目	科	数据来源
126	长尾雀	*Carpodacus sibiricus*	雀形目	燕雀科	ABC
127	斑翅朱雀	*Carpodacus trifasciatus*	雀形目	燕雀科	ABC
128	白眉朱雀	*Carpodacus dubius*	雀形目	燕雀科	ABC
129	金翅雀	*Chloris sinica*	雀形目	燕雀科	ABC
130	黄嘴朱顶雀	*Linaria flavirostris*	雀形目	燕雀科	ABC
131	灰眉岩鹀	*Emberiza godlewskii*	雀形目	鹀科	AB
132	三道眉草鹀	*Emberiza cioides*	雀形目	鹀科	AB

注：A—样点法；B—样线法；C—自动红外相机陷阱法；D—访问调查法；E—其他方法。

3.1 玛可河林区鸟类区系分析

从区系组成看，玛可河林区记录的鸟类中，古北界物种有98种，占鸟类总种数的74.24%；东洋界物种有19种，占鸟类总种数的14.40%；广布种有15种，占鸟类总种数的11.36%。由此可见，古北界物种占优势。

按居留型划分，留鸟有88种，占鸟类总种数的66.67%；夏候鸟有37种，占鸟类总种数的28.03%；旅鸟有7种，占鸟类总种数的5.30%。由此可见，该林区缺乏冬候鸟，而留鸟占优势。

按动物地理区划分，玛可河林区记录的鸟类中，古北型有34种，占鸟类总种数的25.76%；喜马拉雅-横断山型有38种，占鸟类总种数的28.79%；全北型有10种，占鸟类总种数的7.57%；东北型有9种，占鸟类总种数的6.82%；东北-华北型有2种，占鸟类总种数的1.52%；东洋型有9种，占鸟类总种数的6.82%；高地型有5种，占鸟类总种数的3.79%；中亚型有2种，占鸟类总种数的1.51%；季风区型有6种，占鸟类总种数的4.55%；广布型有11种，占鸟类总种数的8.33%；旧大陆热带-亚热带型有6种，占鸟类总种数的4.55%。因此，古北型物种占优势，与该林区地处全球生物地理分区的古北界密切相关。

按生态类群划分，玛可河林区记录的鸟类中，陆禽有13种，占鸟类总种数的9.85%；游禽有3种，占鸟类总种数的2.27%；涉禽有6种，占鸟类总种数的4.55%；猛禽有12种，占鸟类总种数的9.09%；攀禽有8种，占鸟类总种数的6.06%；鸣禽有90种，占鸟类总种数的68.18%。因此，鸣禽占优势。

3.2 国家重点保护及特有物种分析

玛可河林区记录的国家Ⅰ级重点保护鸟类有斑尾榛鸡、红喉雉鹑、胡兀鹫、秃鹫、金雕、猎隼和黑头噪鸦7种，占记录的鸟类总种数的5.30%；国家Ⅱ级重点保护鸟类有藏雪鸡、血雉、白马鸡、蓝马鸡、鹮嘴鹬、高山兀鹫、雀鹰、白尾鹞、黑鸢、大鵟、普通鵟、喜山鵟、三趾啄木鸟、黑啄木鸟、红隼和白眉山雀16种，占鸟类总种数的12.12%。其余物种均被列入《国家保护的有益的或者有重要经济、科学研究价值的陆生野生动物名录》名录，计有109种，占鸟类总种数的82.58%。

在玛可河林区记录的鸟类中，中国特有物种有斑尾榛鸡、红喉雉鹑、白马鸡、蓝马鸡、黑头噪鸦、白眉山雀、四川褐头山雀、地山雀、甘肃柳莺、中华雀鹛、大噪鹛、山噪鹛、橙翅噪鹛、贺兰山红尾鸲14种。其中，斑尾榛鸡、红喉雉鹑、白马鸡、蓝马鸡、白眉山雀、四川褐头山雀、地山雀、中华雀鹛、大噪鹛、橙翅噪鹛和棕背黑头鸫11种为青藏高原特有种。可见，喜马拉雅山脉独特的环境条件孕育了丰富而特有的珍贵动物，是人类的宝贵财富。

综上所述，该区域野生动物保护级别普遍较高，占比例相对较大，而该区域的中国特有种也特别丰富，因此，其保护压力很大。

3.3 玛可河林区鸟类的濒危性分析

野生动物的保育工作具有广泛的国际性意义，国际社会给予了高度关注，并成立了世界自然保护联盟（International Union for Conservation of Nature, IUCN），提出了濒危物种红色名录。该名录的评估标准是：① 灭绝（extinct, EX）。如果一个物种的最后一个个体已经死亡，则该种“灭绝”。② 野外灭绝（extinct in the wild, EW）。如果一个物种的所有个体仅生活在人工养殖状态下，则该种“野外灭绝”。③ 区域灭绝（regionally extinct, RE）。如果一个物种在某个区域内的最后一个个体已经死亡，则该物种已经“区域灭绝”。④ 极危（critically endangered, CR）。野生种群面临即将绝灭的概率非常高。⑤ 濒危（endangered, EN）。野生种群已经降低到濒临灭绝或绝迹的临界状态，且致危因素仍在继续，如不采取有效措施，在不远的将来，这个物种可能会灭绝。⑥ 易危（vulnerable, VU）。野生种群已明显下降，如不采取有效保护措施，该物种势必成为濒危物种，或因近似某濒危物种，必须予以保护以确保该濒危物种的生存。⑦ 近危（near threatened, NT）。当一物种未达到极危、濒危或易危标准，但在未来一段时间内，接近符合或可能符合受威胁等级，则该种为“近危”。⑧ 无危（least concern, LC）。当一物种未达到极危、濒危、易危或近危标准，则该种为“无危”，广泛分布和个体数量多的物种都属于该等级。⑨ 数据缺乏（data deficient, DD）。当缺乏足够的信息对某一物种的灭绝风险进行评估时，则该种属于“数据缺乏”。

为全面评估中国野生脊椎动物濒危状况，国家环境保护部联合中国科学院于2013年启动了《中国生物多样性红色名录——脊椎动物卷》编制工作，并于2016年发表了《中国脊椎动物红色名录》，该名录使用了IUCN的等级评估标准。

IUCN还领衔各缔约国共同签署了《濒危野生动植物种国际贸易公约》（Convention on International Trade in Endangered Species of Wild Fauna and Flora, CITES）。该公约的附录物种名录由缔约国大会投票决定。附录Ⅰ纳入了所有受到和可能受到贸易影响而有灭绝危险的物种，其商业性国际贸易被严格禁止；附录Ⅱ纳入了目前虽未濒临灭绝但如对其贸易不严加管理以防止不利其生存的利用就可能变成有灭绝危险的物种，以及为了使上述某些物种的贸易能得到有效的控制而必须加以管理的其他物种，其国际贸易受到严格限制；附录Ⅲ纳入了任一缔约国认为属其管辖范围内应进行管理以防止或限制开发利用而需要其他缔约国合作控制贸易的物种，其出口受到一定限制。

在玛可河林区盆地记录的鸟类中，猎隼1种被列入濒危级（EN），占鸟类总种数的0.76%；红喉雉鹑、金雕、大鵟和黑头噪鸦4种被列入易危级（VU），占鸟类总种数的3.03%；斑尾榛鸡、藏雪鸡、血雉、白马鸡、蓝马鸡、鹮嘴鹬、胡兀鹫、高山兀鹫、秃鹫、白尾鹞、白眉山雀、黑头鳾和白脸鳾13种被列入近危级（NT），占鸟类总种数的9.85%；其余114种被列入无危级（LC），占鸟类总种数的86.36%。

藏雪鸡和白马鸡2种被CITES附录Ⅰ收录，占鸟类总种数的1.52%；血雉、胡兀鹫、高山兀鹫、秃鹫、金雕、雀鹰、白尾鹞、黑鸢、大鵟、普通鵟、喜山鵟、红隼和猎隼13种被CITES附录Ⅱ收录，占鸟类总种数的9.85%。由此可见，珍稀濒危鸟类在玛可河占有相当高的比例。

3.4 玛可河林区鸟类的物种多样性

基于信息测度的Shannon-Wiener指数，计算属D_G、科D_K和目D_O的多样性指数，以及均匀性J指数。如果一个地区仅有1个物种，或者仅有几个分布在不同科的物种，则定义该地区多样性指数为零。

（1）属D_G多样性指数：

$$D_G = -\sum_{j=1}^{p} q_j \ln q_j$$

式中：$q_j = S_j / S$；S为名录中某纲中的物种数；S_j为某纲中j属中的物种数，p为某纲中的属数。

（2）科D_F多样性指数：

$$D_{Fk} = -\sum_{i=0}^{n} p_i \ln p_i$$

式中：$p_i = S_{ki} / S_k$；S_k = 名录中k科中的物种数；S_{ki} = 名录中k科i属中的物种数，$n = k$科中的属数。

$$D_F = \sum_{k=1}^{m} D_{Fk}$$

式中：m为名录中某纲的科数。

（3）目 D_O 多样性指数：

$$D_{Ok} = -\sum_{i=1}^{n} p_i \ln p_i$$

式中：$p_i = S_{ki}/S_k$；S_k = 名录中 k 目中的物种数；S_{ki} = 名录中 k 目 i 科中的物种数，$n = k$ 目中的科数。

$$D_O = \sum_{k=1}^{m} D_{Fk}$$

式中：m 为名录中某纲的目数。

（4）均匀性 J 指数：

$$J = -\sum_{i=1}^{n} \left(\frac{s}{S}\right) \ln\left(\frac{s}{S}\right) / \ln S$$

式中：n 为名录中某纲的目数（或科数或属数）；s 为名录中某纲某目的科数（或某科的属数或某属的种数）；S 为名录中某纲的总科数（或总属数或总种数）。

从多样性指数看，玛可河林区记录的鸟类中，科的多样性指数最高（19.034），目的多样性指数最低（2.793）。说明该地区鸟的目类型相对较少而目下种的类型相对较多（图3.1）。由于分类系统主要是按外部形态特

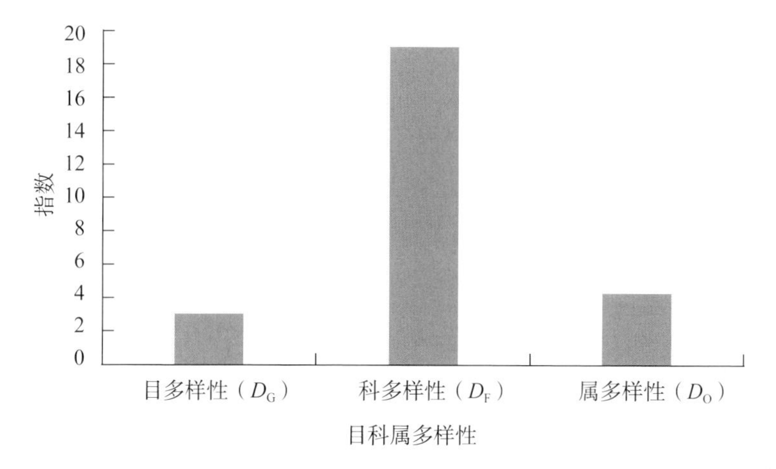

图3.1　玛可河林区鸟类各目科属的多样性指数分析

征差异性来进行的，而外部形态是鸟类长期适应环境进化的结果，因此造成目的多样性较低的根本原因在于外部栖息环境条件的贫乏，也即环境多样性较低。玛可河林区属于较为极端的高寒植被，严酷的自然条件限制了鸟类目的多样性。

从均匀性指数（图3.2）看，玛可河林区记录的鸟类中，属的均匀性指数最高（0.853），目的均匀性指数最低（0.347）。说明记录的该林区鸟类中，所属目的分布相对较不够均匀。这也与目的数目相对较少有关。

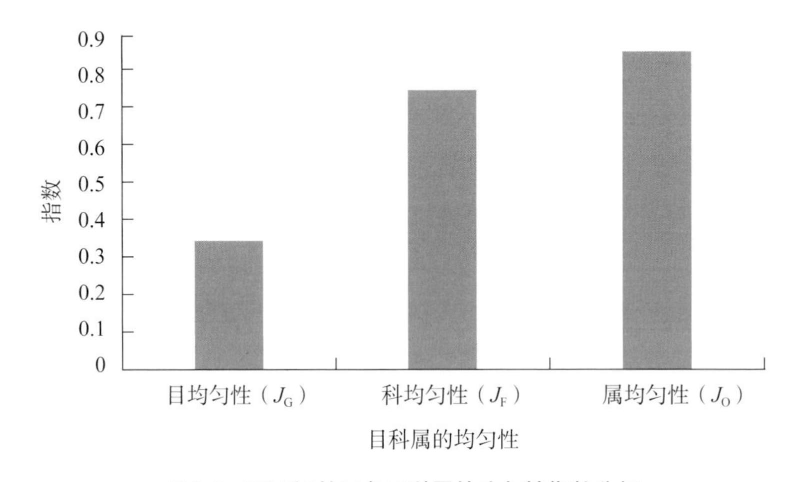

图3.2　玛可河林区各目科属的均匀性指数分析

综上所述，玛可河林区由于较为高寒的自然环境条件，只有具有特有能力的鸟类才能适应，因此鸟类物种的多样性受到一定的限制，反映在鸟的属多样性指数较低，且目的均匀性指数偏低。但由于该地区独特的环境条件，孕育了我国较为丰富的特有物种。这些特有物种才能适应该地区独特的高寒环境，也是我国极为珍贵的自然资源，应倍加珍惜。

3.5　玛可河林区生物多样性的保护管理建议

自然资源和生态环境是人类赖以生存和发展的基本条件，保护好自然资源和生态环境，保护好生物多样性，对人类的生存和发展具有极为重要的意义。

3.5.1 珍稀濒危鸟类的保护措施

保护珍稀濒危鸟类，首先考虑的是健全法制、普及宣传、强化已有的各种保护体系以及办好自然保护区。其次大力发展挂牌保护、迁地保护和驯养保种，鼓励民间人士积极从事此项工作。与此同时，还要继续加强监测和定点定位研究，对重点物种制定针对性的保护对策，从确保重点物种的生存繁衍的要求出发，在其重点分布区域抢救性地建立一批保护区，实行抢救性的保护。

3.5.1.1 以黑颈鹤为代表的涉禽类

作为唯一一种终生生活在高原地区的鹤类，黑颈鹤在我国繁殖地相对集中于西藏中西部、青海东部、四川北部等地。黑颈鹤的生存所面临的威胁主要有高原地区湖泊的开发利用、建立渔场、修筑公路，以及大规模排水、改造沼泽、游牧区域扩展等。这些人类活动使得沼泽干燥，面积不断减少，干扰了黑颈鹤的正常栖息。栖息地破坏、丧失和冬季缺少食物，使黑颈鹤受到严重威胁。由此可见，人为活动干扰容易造成鹤类栖息空间压力。

从空间角度考察动物栖息地与人类土地利用关系，科学合理地确定重点保护区域，是缓冲物种栖息地保护与土地开发利用矛盾，促进物种保育管理的重要方式。因此，黑颈鹤的保护区域可划分为重点核心保护区域和次重核心保护区域。重点核心保护区域觅食地分布密集，与农耕地关联性大，应给予重点关注，注意其农耕地的保全，注重保留传统耕作方式、耕作种类和数量、禁止农药施用等管理。次重核心保护区域分布有少量觅食地，靠近夜栖地且连片分布农地面积较大，受到的干扰较少，在相同条件下更有可能会成为重点核心保护区域觅食地选择的替补。从总体上讲，整体的土地利用空间规划，需要关注外围农耕区域中重点核心保护区域、次重核心保护区域的土地利用性质与方式，除重视湖滨带湿地生态系统恢复重建外，外围农耕区涉及人鸟冲突更为严重，面临的土地利用不确定性更大，需要持续性地给予重点关注。

除保护区外，还应做好下列工作：停止沼泽排水和使用杀虫剂、杀鼠剂；控制草地牲畜，并在繁殖湖泊和沼泽周围建立保护缓冲区；在自然保护区系统中包括新确定的中途停留地点，其中大多数尚未受到保护，特别是那些受到当地牧民干扰的地区；在整个黑颈鹤分布的范围内协调该物种的工作，分享有关威胁和保护响应的信息，以及增加自然保护区工作人员等资源管理者的能力。

另外，还应仔细规划越冬和繁殖地区的旅游/生态旅游开发；教育农民并在重要领域实施补贴，以促进适合黑颈鹤的管理，且减少干扰。

3.5.1.2　*以胡兀鹫为代表的食腐鸟类*

食腐鸟类在这里主要是指鹫类，栖息于高山、高原及一些高海拔地区，绝大部分以腐食为生（高山兀鹫），少数亦食动物骨骼（胡兀鹫、秃鹫）、乌龟和鸟蛋（白兀鹫），被称为大自然的清道夫。在消灭腐烂尸体、减少疾病传播、维护生态系统平衡方面起到了不可忽视的作用。

20世纪90年代开始，分布在南亚次大陆的鹫类遭受到了毁灭性打击。这些受影响的鹫类至少包括了世界上古老的3种兀鹫，导致从1992年开始南亚次大陆超过了90%的鹫类死亡，迫使世界自然保护联盟将这3种鹫类重新划分等级，归于极危（CR）。这些归因于一种用于牛身上的非甾体抗炎药（nonsteroidal antiinflammatory drug, NSAID）——双氯芬酸钠。鹫类取食了这种含有双氯芬酸药物的家畜尸体后，由于分解不了这种化合物，导致药物积累中毒，肾衰竭，最后脱水而死。这种药物广泛在印度、巴基斯坦、尼泊尔、中国等地区或国家使用，不仅对当地食腐鸟类产生重大打击，而且对分布在中国的鹫类同样具有较大的潜在威胁。

南亚次大陆鹫类的消减给人们敲响了警钟，作为一种分布范围广、密度低的食腐动物，在我国同样面临着诸多危险。食物缺乏、栖息地破坏、环境污染、捕抓、贩卖、标本制作、动物园展示、兽药滥用（二次中毒）、电网威胁等都是我国和全球鹫类面临的共同问题。

当前迫切需要开展的任务是监测种群数量，查明国内鹫类现状；加强鹫类食性、栖息地、繁殖生态、行为等方面的研究；完善法律法规，划定专门针对鹫类的保护区（避难所）；加强国际有关鹫类迁移、药物中毒、种群数量、生存威胁等方面的交流、合作和研究。

3.5.1.3　*以斑尾榛鸡为代表的陆禽类*

斑尾榛鸡是全球分布最南端的雉科鸟类，仅分布于我国青藏高原东南边缘地区的山地森林。作为一种高山鸟类，在甘肃南部生活在海拔

2 600 ～ 3 500 m的原始针叶林和针阔混交林中，由于低海拔地区的毁林开荒、林业采伐、放牧、村镇建设等人类活动的扩展，许多高山针叶林及针阔混交林成为相互隔离的“孤岛”，使斑尾榛鸡的栖息地出现严重的隔离及破碎化，影响到斑尾榛鸡的种群结构，在一些地方面临灭绝的危险。

据研究，斑尾榛鸡能够在森林遭受一定程度破坏（砍伐率接近60%）的情况下艰难生存和繁殖，只是种群密度大为下降。随着1998年天然林保护工程的实施，大面积斑尾榛鸡的栖息地得到有效的保护，植树造林使得被毁林的山坡上重新出现森林，斑尾榛鸡的生存状况正在得到好转。但是10% ～ 29%的斑尾榛鸡巢穴被当地居民发现，并取走其中的蛋，导致其繁殖成功率大幅下降。

综上所述，有关部门应尽早完善法律法规，划定专门针对珍禽类的保护区（避难所）；同时在进行交通道路建设和城镇规划设计时，要专门开展雉类保护生物学研究，防止其栖息地向破碎化转化。

3.5.2 栖息地的保护措施

我国先后颁布了《中华人民共和国森林法》《中华人民共和国环境保护法》《中华人民共和国野生动物保护法》《中华人民共和国陆生野生动物保护实施条例》《中华人民共和国自然保护区条例》和《森林和野生动物类型自然保护区管理办法》等一系列法律法规。各级地方人大、政府也制定了相应的配套法律和规章，环保、林业、农业、地矿、海洋等有关部门也制定了相应的自然资源保护措施。

目前相关的法律在栖息地丧失和破碎化方面尚存在盲点，从维护野生动物种群持续健康发展的要求出发，要搞好已有保护区的布局和网络体系的完善工作，尤其是必须重视保护区之间的廊道、破碎化的栖息地连接等工作，完善保护区体系建设。一些可能对栖息地造成影响的大型工程和公路铁路的建设，在进行环境影响评价时，应从生态效益的角度出发，兼顾经济效益和社会效益，特别是对濒危野生动物栖息地的保护，禁止在濒危物种的栖息地内开展任何旅游和生产经营活动，确保物种不灭绝。

针对栖息地土地权和管理机构行政管理权的冲突，当地居民生活生产和栖息地管理的冲突建议通过完善土地征用和补偿制度来解决，法律应引导各种主体协调地、友好地和互补地共生。必要时征用集体土地所有权或征回国有土地使用权，给当地居民征用补偿费用。进一步完善栖息地公众参与机制，建立政府建设开发项目磋商程序。地方政府建设开发项目可能破坏栖息地的项目主管部门应与上一级政府林业、环保部门磋商，并请生态、经济、法学等方面的专家进行论证，论证过程实行不记名半数否决制，否决的结果将导致项目被否定。专家名单应由专业部门提出后针对不同个案时随机选出。

3.5.3 重视玛可河林区保护区的整合和规范化管理

党的十八大提出了生态文明建设，青海省第十三次党代会提出了三江源地区要把生态保护和建设作为首要任务，要加快从农牧民的单一种植、养殖、生态看护向生态生产生活良性循环转变，正确处理好保护与发展、保护与民生的关系。

新时代，以牢固树立生态文明建设理念，保护好“中华水塔”的一山一水、一草一木的要求为目标，以林业重点工程建设为依托，对适宜造林地块加大人工造林，提高造林成活率和保存率；将宜林的牧草地纳入人工造林，给予牧民生态补偿，缓解林牧矛盾，鼓励牧民对人工造林地块承包管护；对无林地、疏林地、灌木林地加大封山育林，保证植被自我修复，实现森林资源有效增长。

玛可河林区“一地两证”的矛盾十分凸显，国家实施的重点生态工程为牧民群众的生活提供了一定的帮助和支持，但这远远没有从根本上解决林区与牧民群众共同发展的问题。根据国有林区改革指导意见，要创新资源管护方法，探讨研究“一地两证”管理办法，改善林牧矛盾，以“因养林而养人”为方向，让林区更多的牧民群众参加森林管护，既能增加收入，又能逐步解决林区的社会矛盾问题。同时创新森林资源村级承包管护模式，使更多的牧民群众受益，享受国有林场改革的“红利”，由“靠山吃山”变为“养山富山”。

要转变牧民群众传统以木材生活方式为主的思想观念，一方面要加快国家大电网进入林区，在林区推行“以电代薪”，由财政加大生态补偿的转移支付补助标准，对林区群众给予电费补助，彻底解决生活能源问题。

另一方面，群众的住房为石木碉楼结构，无抗震和保暖性能，还存在极大的火灾隐患，因此，借助国家实施的牧民保障性住房改造和“乡村振兴战略”，对藏区牧民群众给予特殊的住房改造补助政策，鼓励群众转变传统石木结构住房，缓解林区群众的林木矛盾，加快林区牧民群众脱贫致富奔小康，建设安居乐业的美丽家园。

在开展国家各项生态保护项目的同时，开展各项社区共管工作。参与式社区共管是社区内全体成员共同参与自然资源保护和管理的决策、实施和评估的过程，是以当地社区村民为主体对社区内的自然资源进行合理利用和管理的模式。它特别强调社区在共管中发挥的主导作用，村民参与生物多样性保护管理工作，不仅参与项目的全过程，而且要从中受益，并保证社区在持续利用资源时与保护区生物多样性保护目标相一致，其最终目标是自然资源保护和社区可持续发展的结合。首先，制订3～5年的中长期规划和每一年度的工作计划。然后，开展森林防火宣传，制作环保标牌，举办野生动物知识普及讲座，以及进行林木培育和林下产业、牧区实用技术培训、村内及林区环境整治等活动。通过社区共管使当地动植物资源得到有效的保护，野生动物种群数量及其栖息地得以恢复，草地及森林生态系统的整体功能得以发挥，社区保护能力和资源管理能力得到加强，牧民保护自然环境的意识得到提高，社会经济状况得到进一步改善。

4

玛可河林区鸟类各论

鸟类是地球上具有飞行能力的特殊动物，飞行运动能使鸟类迅速而安全地寻觅适宜的栖息地或躲避天敌及恶劣的自然条件的威胁，因此鸟类是陆生脊椎动物中分布最广、种类最多的一个类群。鸟类是自然生态系统重要组成部分，在控制虫害、传播花粉和种子等维持生态平衡方面具有不可替代的作用。

根据多种调查方法记录和资料整理，玛可河的野生鸟类记录有15目36科132种，占青海省野生鸟类总种数的31.99%。其中，列入国家Ⅰ级重点保护名录的有斑尾榛鸡、红喉雉鹑、胡兀鹫、秃鹫、金雕、猎隼和黑头噪鸦等4目4科6属7种，占该地鸟类总种数的5.30%；列入国家Ⅱ级重点保护名录的有藏雪鸡、血雉、白马鸡、蓝马鸡、鹮嘴鹬、高山兀鹫、雀鹰、白尾鹞、黑鸢、大鵟、普通鵟、喜山鵟、三趾啄木鸟、黑啄木鸟、红隼和白眉山雀等6目6科13属16种，占该地鸟类总种数的12.12%。我国特有种有斑尾榛鸡、红喉雉鹑、白马鸡、蓝马鸡、黑头噪鸦、白眉山雀、四川褐头山雀、地山雀、甘肃柳莺、中华雀鹛、大噪鹛、山噪鹛、橙翅噪鹛、贺兰山红尾鸲14种，占该地鸟类总种数的12.12%。

斑尾榛鸡 *Tetrastes sewerzowi* 雉科 留鸟

英文名：Severtzov's Grouse。

别名：松鸡。

鉴别特征：体长32～38 cm。虹膜褐色；喙黑褐色；脚角黄色。**雄鸟**鼻孔羽黑色，额白色，头顶至枕深栗色，具黑斑和短的羽冠；眼后有一条缀黑斑的白色横带，向后伸展至后颈；眼下一条白色横带自额经眼先延至颈侧，与喉的周边白色纵带相连；背、腰和尾上覆羽栗色，具黑色横斑和窄的淡灰色羽缘；外侧尾羽黑褐色，具数条白色横斑和端斑；中央一对尾羽棕栗色，缀黑色虫蠹状斑，具7～8条黑色和棕白色并列的横斑；翅上覆羽棕褐色，具黑色虫蠹状斑和白色羽干纹；颏、喉黑色，杂白色；下体和两肋淡栗色，具黑色和棕白色相间的横斑。**雌鸟**与雄鸟相似，但体色较暗，鼻孔羽淡棕栗色；额基淡棕栗色，具黑斑；眼后具淡黄白色纵纹，颏、喉淡棕黄色，羽端沾黑。

斑尾榛鸡

习性：主要栖息于山地森林、草原和灌丛，具有季节性的垂直迁徙现象，冬季常迁到低海拔的混交林和灌丛地带，春夏季则往山上部森林草原和灌丛地带迁徙。除繁殖期外，成群活动，多系家族群或以家族群为单位的大群。多在树上活动和栖息，在地上或树上觅食。每年繁殖期为5—7月，一年繁殖1窝，每窝产卵5～8枚。以植物的嫩枝、嫩叶、花絮、浆果等植食性为食，也吃昆虫，小型无脊椎动物。

保护状态：中国特有种，国家Ⅰ级重点保护动物；濒危等级为近危（NT）。

本地种群现状：见于水磨沟、下贡沟、依浪沟、执洪沟、灯塔水磨沟、上俄沟、下俄沟、满子沟等。种群规模表现为分布相对较小、数量相对较多。

红喉雉鹑 *Tetraophasis obscurus* 雉科 留鸟

英文名：Verreaux's Partridge。

别名：西康雉鹑、四川雉鹑、木坪雉雷鸟。

鉴别特征：体长44～54 cm。虹膜褐色；喙褐色或黑褐色；脚褐色。**雄鸟**

红喉雉鹑

鼻羽黑色，耳羽深栗色；额白，各羽端黑；头顶和枕深栗色，杂黑色或淡橄榄绿的灰色点斑；背至尾上覆羽栗色，具规则的黑色横斑；外侧尾羽黑褐色，具若干狭形白色横斑和羽端，中央1对尾羽栗棕色，杂黑色虫蠹状细斑，并具7～8条黑和棕白并列的横斑；颏、喉红色，边缘围以白色纵带；胸与两肋浅栗色，具黑色横斑和棕白色羽端；腹具黑、白相间的横斑。**雌鸟**与雄鸟相似，但体色较暗淡，不鲜艳；鼻羽不呈黑色，而与额同为淡栗棕色，具黑斑，眼后纵带淡黄缀白；颏、淡棕黄色，羽端沾黑，其周围不具白色纵带。

习性：栖息于高山针叶林上缘和林线以上的杜鹃灌丛地带。结小群活动。善于地面行走和奔跑，飞翔能力较差，遇敌害时常首先逃到灌丛中躲避，少数情况下从一山坡滑翔向另一山坡。性胆怯怕人，休息时多躲避在灌丛中，晚上在较大的灌木上栖息。以蕨麻、草根为食，也吃双翅目昆虫。

保护状态：国家Ⅰ级重点保护动物；濒危等级为易危（VU）。

本地种群现状：见于依浪沟、美浪沟、执洪沟、灯塔水磨沟、格日则沟等。种群规模表现为分布相对较小、数量相对较多。

藏雪鸡 *Tetraogallus tibetanus* 雉科 留鸟

英文名：Tibetan Snowcock。

别名：高山雪鸡、喜马拉雅雪鸡。

鉴别特征：体长49～64 cm。虹膜深褐色；喙黄色；脚红色。眼周红色，额、耳羽白色，头和颈的余部深灰色。背灰褐色，满布皮黄色粉斑。上背与颈的交接处有一道皮黄色带斑，大致同胸部的一条杂有灰色的带斑相连。腰和尾羽近棕色，亦具粉斑。下体白色，下胸和腹部具黑色纵纹。

习性：栖息于高山灌丛、苔原和裸岩地带。喜结群，多呈3～5只的小群。白天活动，性情胆怯而机警。善于行走，在山坡岩石上奔走时非常灵活。飞行和滑翔的能力也较强，能从一个山头飞到另一个山头。杂食性，以植食性食物为食，兼吃昆虫。繁殖海拔在3 000～6 000 m，产卵8～12枚。

藏雪鸡

保护状态：国家Ⅱ级重点保护动物；CITES附录Ⅰ；濒危等级为无危（LC）。

本地种群现状：见于红军沟、灯塔水磨沟等。种群规模表现为分布十分狭小、数量相对较少。

高原山鹑 *Perdix hodgsoniae* 雉科 留鸟

英文名：Tibetan Partridge。

别名：沙半鸡。

鉴别特征：体长23～32 cm。虹膜红褐色；喙淡绿色；脚淡绿色。眉纹、眼先和颊棕白色，眼下有一黑色块斑，下伸至喉。头顶栗紫色，杂黑色；枕和后颈黑色，杂棕白色羽干纹和横斑。后颈和颈侧具栗色半环状颈圈。背至尾上覆羽棕白色，具排列整齐的黑褐色横斑。中央尾羽棕白色，杂若断若续的黑色斑纹；外侧尾羽棕栗色，有时缀黑。下体白色，胸具栗色横斑，胸侧栗色。尾下覆羽略带黄色，羽基黑褐色。

高原山鹑

习性：栖息于高山裸岩、苔原和亚高山矮树丛和灌丛。除繁殖期外常成群活动，多10～15只一群。不喜飞行，善于奔跑。在不得已时才飞行，飞行速度很快，还能滑翔。每年繁殖期为5—7月，每窝产卵8～12枚。

保护状态：“三有名录”动物；濒危等级为无危（LC）。

本地种群现状：见于王柔沟、石灰沟、红军沟、上贡沟、下贡沟、依浪沟、美浪沟、执洪沟、灯塔水磨沟、上俄沟、下俄沟、沙沟、哑巴沟、格日则沟等。种群规模表现为分布十分广泛、数量也很丰富。

血雉 *Ithaginis cruentus* 雉科 留鸟

英文名：Blood Pheasant。

别名：雪鸡、太白鸡、柳鸡、绿鸡等。

鉴别特征：体长38～47 cm。虹膜黑褐色；喙黑色；脚红色。**雄鸟**额、眼先、眉纹和颊黑色，沾绯红色；体羽具白色羽干纹；头土灰色，

血雉（雄鸟）

血雉（雌鸟）

部分羽毛和耳羽向后延伸成冠羽；颈淡土灰色，背至尾上覆羽黑褐色，最长的尾上覆羽具绯红色边缘；较长的翼上覆羽大都棕褐色，具宽的绿色端斑；尾浅灰褐色，具红色侧缘；颊、喉及上胸乌灰色；下胸和两胁灰褐色；腹灰褐色；尾下覆羽黑褐色，具宽阔的绯红色边缘。**雌鸟**额、眼周浅棕褐色；头顶灰色，具有棕褐色羽干纹；头顶羽毛和耳羽向后延伸成羽冠；耳羽灰褐色，具有棕白色羽干；其余上体、两翼和尾棕白色，具有褐色羽干纹，密缀黑褐色虫蠹状斑；飞羽褐色，具棕褐色羽干纹。

习性：栖息于雪线附近的高山针叶林、混交林及杜鹃灌丛中。有明显的季节性的垂直迁徙现象，夏季可上到高山灌丛地带，冬季多在中低山和亚高山地区越冬。性喜成群，常呈几只至几十只的群体活动。活动主要在林下地上，夜晚到树上栖息。常用嘴啄食，边走边吃。一般不起飞，主要通过迅速奔跑和藏匿来逃避敌害。每年5月开始繁殖。杂食性，以植食性为主。

保护状态：中国特有种，国家Ⅱ级重点保护动物；CITES附录Ⅱ；濒危等级为无危（LC）。

本地种群现状：见于玛可河所有沟谷，几乎全域可见。种群规模表现为分布极为广泛、数量极为丰富。

白马鸡 *Crossoptilon crossoptilon* 雉科 留鸟

英文名：White Eared-pheasant。

别名：雪雉。

鉴别特征：体长80～102 cm。虹膜橙黄色；喙粉红色；脚红色。颊裸出，鲜红色，具疣状小突，雄鸟具距。**雄鸟**头顶密被黑色绒羽状短羽；耳羽簇白色，向后延伸成短角状；上下体羽几纯白色，羽端分散呈发丝状；背微沾灰色，颏、喉沾棕色，较长的尾上覆羽和翅上覆羽稍沾暗灰色；初级覆羽内翈暗褐色，外翈暗灰褐色而具白色羽缘；飞羽黑褐色，具紫色光泽；尾特长，辉绿蓝色，具金属光泽，基部灰白色，中央一、二对尾羽大部羽枝分散下垂。**雌鸟**与雄鸟相似，但体型稍小，羽色较暗淡。

白马鸡

习性：主要栖息于高山和亚高山针叶林和针阔叶混交林带。冬季有时可到常绿阔叶林和落叶阔叶林带活动，高山灌丛和草甸是其垂直分布的上限。喜集群，有时集群50～60只。善奔走，飞行速度慢，通常不远飞。受惊时常往山上狂奔，至山脊处才振翅起飞，滑翔至山谷间。植食性。每年繁殖期为5—7月。

保护状态：中国特有种，国家Ⅱ级重点保护动物；CITES附录Ⅰ；濒危等级为无危（LC）。

本地种群现状：仅见于格日则沟。种群规模表现为分布十分狭小、数量相对较多。

蓝马鸡 *Crossoptilon auritum* 雉科 留鸟

英文名：Blue Eared-Pheasant。

别名：角鸡、松鸡。

鉴别特征：体长75～103 cm。虹膜金黄色；喙淡红色。颊和眼周裸露，绯红色；额白色，头顶和枕部密布黑色绒羽，后面界以一道白色

蓝马鸡

窄带；耳羽簇白色，长而硬，突出于头颈之上。通体蓝灰色，羽毛多披散如发状，但颏、喉白色。长长的中央尾羽向上翘起，柔软细密的羽支披散下来。中央尾羽特别延伸，高翘于其他尾羽之上，羽支分散下垂，先端沾金属绿色和暗紫蓝色。

习性：栖息于山地针叶林、混交林、高山森林、灌丛和苔原草地。喜10～30只成群地活动，中午隐匿于灌木丛中，夜间结群于枝叶茂盛的树上。性机警而胆小，稍受惊扰便迅速向山下奔跑，一般很少起飞，急迫时也鼓翼飞翔，但不能持久。以植物性食物为主，兼吃昆虫，每年繁殖期为4—7月。

保护状态：中国特有种，国家Ⅱ级重点保护动物；濒危等级为无危（LC）。

本地种群现状：见于玛可河所有沟谷，几乎全域可见。种群规模表现为分布极为广泛、数量极为丰富。

赤麻鸭 *Tadorna ferruginea* 鸭科 夏候鸟

英文名：Ruddy Shelduck。

赤麻鸭

别名：黄鸭。

鉴别特征：体长51～68 cm。虹膜暗褐色；喙近黑色；脚黑色。**雄鸟**头顶棕白色，颊、喉、前颈及颈侧淡棕黄色，下颈基部在繁殖期有一窄的黑领环，胸、上背及两肩赤黄褐色，腰羽棕褐色具暗褐色虫蠹状斑，尾和尾上覆羽黑色；下体棕黄色，腋羽和翼下覆羽白色。**雌鸟**羽色与雄鸟相似，但稍淡，头顶和头侧几乎白色，颈基无黑色领环。

习性：栖息于江河、湖泊、河口、水塘，常见于淡水湖边或盐沼附近的草原、河岸、丘陵。繁殖期成对生活，非繁殖期以家族群和小群生活。性机警，人难接近。以水生植物叶、芽、农作物等植物性食物为食，兼食昆虫。每年繁殖期为4—6月，每年繁殖1次。

保护状态："三有名录"动物；濒危等级为无危（LC）。

本地种群现状：见于格隆沟、玛可河干流等。种群规模表现为分布十分狭小、数量很少。

普通秋沙鸭 *Mergus merganser* 鸭科 夏候鸟

英文名：Common Merganser。

别名：大锯嘴鸭子、潜水鹅、秋沙鸭。

鉴别特征：体长54～68 cm。虹膜褐色；喙暗红色；脚红色。**雄鸟**头和颈黑褐色，具绿色金属光泽，枕具短而厚的黑褐色羽冠；上背黑褐色，下背灰褐色，翼镜大而色白，腰灰色，尾灰褐色；下体从下颈一直到尾下覆羽均为白色。**雌鸟**额、头顶、枕和后颈棕褐色，头侧、颈侧及前颈淡棕色；颏、喉白色，微缀棕色，体两侧灰色而具白斑，下体余部白色。

习性：栖息于湖泊、水库及河流等多种水域。常成小群，在迁徙期间和冬季常集成数十甚至上百只的大群。飞行快而直，潜水性好，每次能潜25～35 s。以小鱼、软体动物、甲壳类、石蚕等水生无脊椎动物为食。每年繁殖期为5—7月。

保护状态："三有名录"动物；濒危等级为无危（LC）。

普通秋沙鸭（雄鸟）

普通秋沙鸭（雌鸟）

本地种群现状：仅见于依浪沟。种群规模表现为分布十分狭小、数量很少。

岩鸽 *Columba rupestris* 鸠鸽科 留鸟

英文名：Hill Pigeon。

别名：横纹尾石鸽、山石鸽、野鸽子。

鉴别特征：体长 24 ～ 35 cm。虹膜橙黄色；喙黑色；脚朱红色。**雄鸟**头、颈蓝灰色，颈缀金属铜绿色，颈后缘具紫红色光泽形成颈圈状；上背和肩灰色，下背白色，腰和尾上覆羽暗灰色；尾灰黑色，先端黑色，近尾端处有一道宽阔的白色横带；颏、喉暗灰色，上胸蓝灰色，缀金属铜绿色，具紫红色光泽，下胸灰色，腹白色。**雌鸟**与雄鸟相似，但羽色略暗，特别是尾上覆羽，胸也少紫色光泽，不如雄鸟鲜艳。

习性：主要栖息于山地岩石和悬崖峭壁处。多结成小群到山谷和平原田野上觅食，有时也结成近百只的大群。白天在悬崖处短暂停歇，常成群夜宿于悬崖缝或石块洞穴中。以植物种子、果实、球茎、块根等植

岩鸽

物性食物为食。每年繁殖期为4—7月，每年繁殖2窝，每窝产卵2枚。

保护状态："三有名录"动物；濒危等级为无危（LC）。

本地种群现状：见于水磨沟、发电沟、红军沟、依浪沟、美浪沟、灯塔水磨沟、满子沟、哑巴沟、格日则沟等。种群规模表现为分布较广、数量十分丰富。

雪鸽 *Columba leuconota* 鸠鸽科 留鸟

英文名：Snow Pigeon。

别名：珍珠鸽。

鉴别特征：体长26～36 cm。虹膜金黄色；喙黑色；脚亮红色。眼周白色。头和上颈乌灰色或石板灰色。下颈白色，形成一显著的白色领圈。上背、两肩及内侧小覆羽和次级飞羽淡褐色；下背白色。腰和尾上覆羽黑色。尾灰黑色，外侧尾羽基部白色；中央尾羽中部有一宽阔的白色带斑。翼上中覆羽、大覆羽和次级飞羽末端淡褐色，形成三道暗色翼斑。初级飞羽暗灰色，尖端褐色，具窄的银灰

雪鸽

色羽缘；外侧次级飞羽基部灰色，端部褐色，羽轴暗褐色。下体白色。亚成鸟和成鸟相似，但上体和翼具窄的淡皮黄色羽缘；下体白色，微缀皮黄色。

习性：栖息于高山悬崖地带，也出现于高海拔地区裸岩河谷和岩壁上。常成群活动，有似原鸽的炫耀飞行。以草籽、野生豆科植物种子和浆果等植物性食物为食。每年繁殖期为4—7月。每年繁殖2窝，每窝产卵1～3枚。

保护状态：“三有名录”动物；濒危等级为无危（LC）。

本地种群现状：仅见于格日则沟。种群规模表现为分布十分狭小、数量相对较多。

山斑鸠　*Streptopelia orientalis*　鸠鸽科　留鸟

英文名：Oriental Turtle-Dove。

别名：金背斑鸠、雉鸠。

鉴别特征：体长26～36 cm。虹膜金黄色；喙铅蓝色；脚洋红色。额和

山斑鸠

头顶前部蓝灰色，头顶后部至后颈棕灰色沾栗，颈基两侧各有一块黑白色条纹的颈斑。上背、肩黑褐色，羽缘红褐色，下背和腰蓝灰色；尾上覆羽和尾褐色，羽缘蓝灰色，最外侧尾羽灰白色。下体红褐色，颏、喉沾棕，胸、腹沾灰，尾下覆羽杂蓝灰色。

习性：栖息于阔叶林、混交林、次生林、果园和耕地及宅旁竹林和树上。常成对或成小群活动。在地面活动时十分活跃，边走边觅食，头前后摆动。飞翔时两翼鼓动频繁，直而迅速。以种子、草籽、嫩叶、幼芽，农作物为食。每年繁殖期为4—7月，每年产2窝。

保护状态："三有名录"动物；濒危等级为无危（LC）。

本地种群现状：见于红军沟、上贡沟、依浪沟等。种群规模表现为分布十分狭小、数量很丰富。

灰斑鸠　*Streptopelia decaocto*　鸠鸽科　留鸟

英文名：Eurasian Collared-Dove。

别名：领斑鸠。

灰斑鸠1

灰斑鸠2

鉴别特征：体长25 ～ 34 cm。虹膜红色；喙黑色；脚粉红色。额和头顶前部灰色，向后逐渐转为粉红灰色。后颈基处有一道半月形黑色领环，领环边缘白色；肩、背至尾羽灰褐色。飞羽黑褐色，外侧尾羽灰白色而羽基黑色。颏、喉白色，下体余部粉红灰色，尾下覆羽和两胁沾蓝灰色。

习性：栖息于平原丘陵林地和、耕地。多呈小群或与其他斑鸠混群活动，在谷类等食物充足时，会形成相当大的集群。以各种植物果实与种子为食。每年繁殖期为4—8月。

保护状态："三有名录"动物；濒危等级为无危（LC）。

本地种群现状：仅见于格日则沟。种群规模表现为分布十分狭小、数量很少。

珠颈斑鸠 *Spilopelia chinensis* 鸠鸽科 留鸟

英文名：Spotted Dove。

别名：花斑鸠。

鉴别特征：体长27 ～ 34 cm。虹膜橘黄色；喙黑色；脚红色。**雄鸟**前额

珠颈斑鸠

蓝灰色，到头顶逐渐变为粉红灰色；枕、头侧和颈粉红色，后颈有一大块黑色领斑，其上满布白色似珠状的细小斑点；上体余部褐色，羽缘较淡；中央尾羽与背同色，但较深些，外侧尾羽黑色，具宽阔的白色端斑；颏白色，头侧、喉、胸及腹粉红色；两胁、翼下覆羽和尾下覆羽灰色。**雌鸟**羽色与雄鸟相似，但不如雄鸟鲜亮、较少光泽。

习性：栖息于平原、草地、低山丘陵和农田地带。常成小群活动，有时也与其他斑鸠混群活动。觅食多在地上，受惊后立刻飞到附近树上。飞行快速，但不能持久。以植物种子为食。每年繁殖期为3—7月，每窝产卵2枚。

保护状态："三有名录"动物；濒危等级为无危（LC）。

本地种群现状：仅见于发电沟。种群规模表现为分布十分狭小、数量很少。

大杜鹃 *Cuculus canorus* 杜鹃科 夏候鸟

英文名：Common Cuckoo。

别名：布谷。

鉴别特征：体长26～35 cm。虹膜黄色；喙黑褐色，下喙基部黄色；脚棕黄色。额灰褐色，头顶、枕至后颈暗银灰色。背暗灰色，腰及尾上覆羽蓝灰色。两翼内侧覆羽暗灰色，外侧覆羽暗褐色；飞羽暗褐色，初级飞羽内侧近羽缘处具白色横斑。尾羽黑褐色，羽干纹褐色，羽轴两侧缀白色细斑点，末端具白色先端，两侧尾羽白斑较大。颏、喉、前颈、上胸及头颈侧淡灰色。下体余部白色，杂黑褐色细窄横斑，胸及两胁横斑较宽，向腹和尾下覆羽渐细而疏。

习性：栖息于山地、丘陵和平原地带的森林中，有时也出现于农田和居民点附近高的乔木树上。性孤独，常单独活动。飞行快速而有力，常循直线前进。飞行时两翅振动幅度较大，但无声响。在繁殖期间喜鸣叫，常站在乔木顶枝上鸣叫不息，有时晚上也鸣叫或边飞边鸣叫，叫声凄厉洪亮。以鳞翅目幼虫、甲虫、蜘蛛、螺类等为食。每年繁殖期为5—7月。

大杜鹃

保护状态：“三有名录”动物；濒危等级为无危（LC）。

本地种群现状：仅见于满子沟。种群规模表现为分布十分狭小、数量很少。

白骨顶 *Fulica atra* 秧鸡科 夏候鸟

英文名：Eurasian Coot。

别名：骨顶鸡。

鉴别特征：体长35～43 cm。虹膜红褐色；喙端灰色，基部淡肉红色；脚橄榄绿色。**成鸟**头具白色额甲，端部钝圆；趾具宽而分离的瓣蹼。体羽全黑或暗灰黑色，上体有条纹，下体有横纹。尾短，尾端方形或圆形。**亚成鸟**头顶黑褐色，上体余部黑色稍沾棕褐色，杂白色细纹；头侧、颏、喉及前颈灰白色，杂黑色小斑点。

习性：栖息于低山丘陵和平原草地，甚至荒漠与半荒漠地带的各类水域中。除繁殖期外，常成群活动，常成数十只、甚至上百只的大群，有时亦与其他鸭类混群栖息和活动。善游泳和潜水，一天的大部时间都游弋在水中。遇人时或潜入水中，或进入旁边的芦苇丛和水草

白骨顶

丛中躲避，危急时则迅速起飞，起飞时需在水面助跑，多贴水面或苇丛低空飞行，并发出呼呼声响，通常飞不多远又落下。杂食性，但主要以植物为食，其中以水生植物为主，也吃昆虫、蠕虫、软体动物等。每年产1～2窝，每窝产卵5～10枚。

保护状态：国家Ⅱ级重点保护动物；濒危等级为无危（LC）。

本地种群现状：仅见于格日则沟。种群规模表现为分布十分狭小、数量很少。

鹮嘴鹬 *Ibidorhyncha struthersii* 鹮嘴鹬科 留鸟

英文名：Ibisbill。

鉴别特征：体长37～44 cm。虹膜红色；喙繁殖期亮红色，其他季节暗红色；脚粉红色。嘴狭长且下弯。**夏羽**，额、头顶、脸、颏和喉全为黑色，连成一片呈黑斑状，四周围以窄的白色边缘；后颈、颈侧、前颈和上胸蓝灰色。肩、背灰褐色，尾上覆羽暗褐色，羽表面微沾灰色；尾羽灰色，具细狭的灰黑色波浪形横斑和宽阔的黑

鹮嘴鹬

褐色次端斑。胸具一宽阔的黑色横带，在黑色横带和灰色上胸之间有一道较窄的白色胸带，下体余部白色。**冬羽**，与夏羽相似，但颊微具不清晰的白色羽尖。

习性：栖息于山地、高原和丘陵地区的溪流及多石的河流沿岸，营巢于河岸边砾石间或山区溪流中的小岛上。常单独或成3～5只的小群活动和觅食。性格机警，有声响即蹲下不动，直到危险临近时，才急速走开或飞走。主要以昆虫为食。每年繁殖期为5—7月，每窝产卵3～4枚。

保护状态：国家Ⅱ级重点保护动物；濒危等级为无危（LC）。

本地种群现状：仅见于格隆沟。种群规模表现为分布十分狭小、数量很少。

普通鸬鹚 *Phalacrocorax carbo* 鸬鹚科 夏候鸟

英文名：Great Cormorant。

别名：鸬鹚、鱼鹰。

普通鸬鹚

鉴别特征：体长70～90 cm。虹膜翠绿色；喙黑色，嘴缘和下嘴灰白色；脚黑色。嘴强而长，锥状，先端具锐钩。眼先橄榄绿色，眼周和喉侧皮肤裸露黄绿色。足后位，趾扁，后趾较长，具全蹼。**夏羽**，头、颈黑色，具紫绿色金属光泽，杂白色丝羽；肩、背和翼上覆羽铜褐色并具金属光泽，尾圆形，灰黑色；颊、颏和上喉白色，形成一半环状，后缘沾棕褐色；下体蓝黑色，缀金属光泽，下胁有一白色块斑。**冬羽**，似夏羽，但头颈无白色丝状羽，两胁无白斑。

习性：栖息于河流、湖泊、海边等。常成小群活动。善游泳和潜水，在水里追逐鱼类。繁殖于湖泊中砾石小岛或沿海岛屿。飞行呈“V”形或直线，也常停栖在岩石或树枝上晾翼。以各种鱼类为食。每年繁殖期为4—6月。

保护状态：“三有名录”动物；濒危等级为无危（LC）。

本地种群现状：仅见于格日则沟。种群规模表现为分布十分狭小、数量很少。

池鹭 *Ardeola bacchus* 鹭科 夏候鸟

英文名：Chinese Pond-Heron。

别名：红毛鹭、沙鹭、红头鹭等。

鉴别特征：体长37～54 cm。虹膜黄色；喙黄色，先端黑色，基部蓝色；脚暗黄色。颊和眼先裸露皮肤黄绿色；胫部部分裸露，跗跖粗壮，与中趾（连爪）几乎等长。**夏羽**，头、颈深栗色，冠羽甚长，一直延伸到背部，背具有丝状灰黑色蓑羽，尾白色，圆形；胸与胸侧栗红色，羽端丝状，下体余部白色。**冬羽**，头顶、颈黄白色，具厚密的褐色条纹，背和肩羽较夏羽为短，暗黄褐色；胸淡黄白色，具密集粗状的褐色条纹；其余似夏羽。

习性：栖息于稻田或池塘、湖泊、沼泽及其他湿地水域。常与其他水鸟混群营巢。性较大胆，单独或成分散小群取食。白昼或黄昏活动，常站在水边或浅水中，用嘴飞快地攫食，以鱼类、蛙、昆虫为主。每年繁殖期为3—7月，每窝产卵3～6枚。

池鹭

保护状态："三有名录"动物；濒危等级为无危（LC）。

本地种群现状：仅见于哑巴沟。种群规模表现为分布十分狭小、数量很少。

牛背鹭 *Bubulcus ibis* 鹭科 夏候鸟

英文名：Cattle Egret。

别名：放牛郎、黄头鹭、畜鹭。

鉴别特征：体长37～55 cm。虹膜金黄色；喙黄色；脚黑色。体较肥胖，喙和颈较短粗，眼先、眼周裸露皮肤黄色。**夏羽**，前颈基部和背中央具羽枝分散成发状的橙黄色长形饰羽，前颈饰羽长达胸部，背部饰羽向后长达尾部；尾和其余体羽白色。**冬羽**，通体全白色，个别头顶缀有黄色，无发丝状饰羽。

习性：栖息于草地、牧场、湖泊、水库、水田、池塘、旱田和沼泽等地。常成对或3～5只的小群活动，有时亦单独或集成数十只的大群。休息时喜欢站在树梢上，常伴随牛活动。性活跃而温驯，不惧怕

牛背鹭

人，活动时寂静无声。飞行时头缩到背上，飞行高度较低，通常成直线飞行。以蜘蛛、黄鳝、蚂蟥和蛙等小动物为食。每年繁殖期为4—7月。

保护状态："三有名录"动物；濒危等级为无危（LC）。

本地种群现状：仅见于依浪沟。种群规模表现为分布十分狭小、数量很少。

大白鹭 *Ardea alba* 鹭科 旅鸟

英文名：Great Egret。

别名：白庄、公子、白连。

鉴别特征：体长82～100 cm。虹膜黄色；喙黑色（夏季）或黄色（冬季）；脚黑色。全身多为白色，喙裂直达眼后，胫踝部肉红色。**夏羽**，眼先蓝绿色，全身多为白色，肩背部着生有三列长而直、羽枝呈分散状的蓑羽，一直向后延伸到尾端；腹羽沾轻微黄色。**冬羽**，与夏羽相似，但眼先黄色，前颈和肩背部无长的蓑羽。

大白鹭

习性：栖息于开阔的河流、湖泊、水田、海滨、河口及其沼泽地带。单独或成小群，多在开阔的水边和附近草地上活动。飞行优雅，振翼缓慢有力。步行时常缩着颈，缓慢地前进。站立时头亦缩于背部，呈驼背状。以甲壳类、软体动物、水生昆虫以及小鱼、蛙、蝌蚪和蜥蜴等动物性食物为食。每年繁殖期为4—7月。每年繁殖1窝，每窝产卵3～6枚。

保护状态："三有名录"动物；濒危等级为无危（LC）。

本地种群现状：仅见于玛可河干流。种群规模表现为分布十分狭小、数量很少。

胡兀鹫 *Gypaetus barbatus* 鹰科 留鸟

英文名：Bearded Vulture。

别名：胡子雕、髭兀鹫、大胡子雕。

鉴别特征：体长100～140 cm。虹膜淡黄到红色；喙灰褐色，尖端黑色；脚铅灰色。头顶具淡灰褐色或白色绒状羽，或多或少缀有一些黑色斑点，头两侧多为白色，有一条宽阔的黑纹与颏部长而硬的黑毛形成的"胡须"融为一体，眼先和嘴基被黑色刚毛。背暗褐色，具皮黄色羽干纹，其余上体黑褐色，具白色羽干纹；尾长、楔形而灰褐色。下体橙黄色到黄褐色，胸鲜亮橙黄色，有时下体棕白色或乳白色，跗跖被羽到趾。

习性：栖息于山地裸岩，喜活动于高原开阔带，营巢于高山悬崖缝隙和岩洞中。性孤独，常单独活动，也常在山顶或山坡上空缓慢地飞行和翱翔，觅找动物尸体。由于嗜食腐肉，高而侧扁的喙变得格外强大，先端钩曲成90°。食性以骨头为主。每年繁殖期为12月至翌年5月。每窝产卵1～3枚。

保护状态：国家Ⅰ级重点保护动物；CITES附录Ⅱ；濒危等级为无危（LC）。

本地种群现状：见于吉拉沟、水磨沟、发电沟、石灰沟、红军沟、上贡沟、依浪沟、美浪沟、执洪沟、灯塔水磨沟、满子沟、沙沟等。种群规模表现为分布较广、数量较多。

胡兀鹫 1

胡兀鹫 2

高山兀鹫 *Gyps himalayensis* 鹰科 留鸟

英文名：Himalayan Griffon。

别名：座山雕。

鉴别特征：体长120～150 cm。虹膜橘黄色；喙淡黄色；蜡膜淡褐色；脚绿灰色。头和颈近裸露，头和上颈被污黄色像头发一样的羽毛，到下颈逐渐变白色绒羽，颈基有长而呈披针形的簇羽形成的黄褐色领翎围绕，具白色羽干纹。背和翼上覆羽淡黄褐色，羽毛中央较褐，形成一些不规则的褐斑，飞羽黑色，飞行时尾部呈锥形。上胸白色，具淡褐色胸斑，下体余部淡皮黄褐色，肛区白色，具不清晰的羽干纹。

习性：栖息于高山和高原地区，营巢于悬崖凹处和边缘上。集小群活动，主要以腐肉和尸体为食，一般不攻击活的动物。视觉和嗅觉十分敏锐，有时为了争抢食物而相互攻击。主要以尸体、病弱的大型动物、旱獭、啮齿类或家畜等为食。每年繁殖期为12月至翌年5月，

高山兀鹫

高山兀鹫

每窝通常产卵1枚。

保护状态：国家Ⅱ级重点保护动物；CITES附录Ⅱ；濒危等级为近危（near threatened, NT）。

本地种群现状：见于水磨沟、发电沟、王柔沟、石灰沟、红军沟、上贡沟、下贡沟、美浪沟、执洪沟、灯塔水磨沟、上俄沟、满子沟、沙沟、哑巴沟、格日则沟等。种群规模表现为分布很广、数量十分丰富。

秃鹫 *Aegypius monachus* 鹰科 留鸟

英文名：Cinereous Vulture。

别名：狗头鹫、天勒、狗头雕等。

鉴别特征：体长98～116 cm。虹膜深褐色；喙黑褐色，下喙白；蜡膜蓝色；脚灰色。额至后枕被暗褐色绒羽，眼先被黑褐色纤羽，头侧、颊、耳区具稀疏的黑褐色毛状短羽，后颈上部赤裸铅蓝色，颈基部具长的淡褐色至暗褐色羽簇形成的皱翎。上体自背至尾上覆羽暗褐色，尾暗褐色略呈楔形，羽轴黑色。下体暗褐色，前胸密被黑褐色

秃鹫

毛状绒羽，两侧各具一束蓬松的矛状长羽，腹缀淡色纵纹，肛周淡灰褐色，覆腿羽暗褐色至黑褐色。

习性：主要栖息于丘陵、荒原与森林中的荒岩和林缘地带，筑巢于高大乔木。多单独活动，偶成3～5只小群。常在高空悠闲地翱翔和滑翔，休息时多在突出岩石、电线杆或树枝上。主要以大型动物的尸体和其他腐烂动物为食。每年繁殖期为3—5月，每窝通常产卵1枚。

保护状态：国家Ⅰ级重点保护动物；CITES附录Ⅱ；濒危等级为近危（NT）。

本地种群现状：见于红军沟、灯塔水磨沟、上俄沟等。种群规模表现为分布十分狭小、数量相对较多。

金雕 *Aquila chrysaetos* 鹰科 留鸟

英文名：Golden Eagle。

别名：金鹰、老雕等。

鉴别特征：体长76～102 cm。虹膜栗褐色；喙端部黑色，基部蓝灰

金雕1

金雕2

色；蜡膜黄色；脚黄色。头顶黑褐色，枕至后颈羽毛尖长，呈柳叶状，羽基暗赤褐色，羽端金黄色，具黑褐色羽干纹。上体暗褐色，肩部较淡，背肩部微缀紫色光泽，尾羽具不规则的暗灰褐色横斑或斑纹；飞行时，尾长而圆，两翼呈“V”形。下体黑褐色，颏、喉和前颈羽基白色，胸、腹羽干纹较淡，覆腿羽具赤色纵纹，跗蹠被羽。

习性：栖息于草原、荒漠、河谷、山地。常单独或成对活动，善于翱翔和滑翔。在高山岩石峭壁之巅及空旷地区高大的树上歇息。以雁鸭类、雉鸡类、鹿、山羊、狐狸、旱獭、野兔等为食，有时也吃鼠类等小型兽类。

保护状态：国家Ⅰ级重点保护动物；CITES附录Ⅱ；濒危等级为无危（LC）。

本地种群现状：见于红军沟、执洪沟、灯塔水磨沟、上俄沟、格日则沟等。种群规模表现为分布很狭小、数量相对较少。

雀鹰 *Accipiter nisus* 鹰科 夏候鸟

英文名：Eurasian Sparrowhawk。

别名：松子鹰、摆胸等。

鉴别特征：体长31～41 cm。虹膜橙黄色；喙铅灰色，端部黑；蜡膜黄色；脚橙黄色。**雄鸟**眼先灰色，具黑色刚毛，前额微缀棕色，头侧颊栗色；上体蓝灰色，尾羽灰褐色，具灰白色端斑和4～5道黑色横斑；下体白色，颏和喉具褐色羽干纹，胸、腹具红褐色细横斑。**雌鸟**体型较大，头顶至后颈灰褐色，具较多的白斑，前额乳白色或缀淡棕黄色；上体灰褐色，头侧颊乳白色，缀暗褐色纵纹，飞羽和尾羽暗褐色；下体乳白色，颏和喉具较宽的暗褐色纵纹，胸、腹具暗褐色横斑，其余似雄鸟。

习性：栖息于山地森林和林缘地带，喜在幼树上筑巢。常单独活动，或飞翔于空中，或栖于树上和电柱上。飞行有力而灵巧，能在树丛间穿梭飞翔。喜从栖处伏击飞行中的猎物。以小鸟、昆虫和鼠类为食，亦捕食野兔和蛇。每年繁殖期为5—7月，通常每窝产卵

雀鹰

3～4枚。

保护状态：国家Ⅱ级重点保护动物；CITES附录Ⅱ；濒危等级为无危（LC）。

本地种群现状：见于红军沟、依浪沟、灯塔水磨沟、下俄沟、哑巴沟等。种群规模表现为分布很狭小、数量相对较少。

白尾鹞 *Circus cyaneus* 鹰科 旅鸟

英文名：*Circus cyaneus*。

别名：白尾泽鹞、灰鹞、灰鹰。

鉴别特征：体长41～53 cm。虹膜浅褐色；喙黑色，基部蓝灰色；蜡膜黄绿色；脚黄色。**雄鸟**前额灰白色，与白色眉纹相连，头顶灰褐色，具暗色羽干纹，耳后下方有一圈蓬松而稍卷曲的皱领，后颈蓝灰色；背蓝灰色，腰白色，中央尾羽银灰色，横斑不明显，外侧尾羽白色，杂暗灰褐色横斑；下体颏、喉和上胸蓝灰色，其余下体纯白色。**雌鸟**头至后颈、颈侧和翼上覆羽具棕黄色羽缘，耳后下方有一圈卷曲的皱翎；上体暗褐色，中央尾羽灰褐色，外侧尾羽

白尾鹞（雌鸟）

白尾鹞（雄鸟）

棕黄色，具黑褐色横斑；下体皮黄色，常具粗的黑褐色纵纹。

习性：栖息于平原和低山丘陵，冬季到水田、草坡和疏林活动。白天活动，尤以早晨和黄昏最为活跃。常沿地面低空飞行搜寻猎物，发现后急速降临捕食。以小型鸟类、鼠类、蛙、蜥蜴和大型昆虫等动物性食物为食。每年繁殖期为4—7月，每窝产卵4～5枚。

保护状态：国家Ⅱ级重点保护动物；CITES附录Ⅱ；濒危等级为无危（LC）。

本地种群现状：见于美浪沟、沙沟等。种群规模表现为分布十分狭小、数量很少。

黑鸢 *Milvus migrans* 鹰科 留鸟

英文名：Black Kite。

别名：黑耳鸢、黑耳鹰。

鉴别特征：体长54～69 cm。虹膜暗棕色；喙黑色，下嘴基部黄绿色；蜡膜黄绿色；脚黄色。前额基部和眼先灰白色，耳羽黑褐色，头顶至后颈棕褐色，具黑褐色羽干纹。上体暗褐色，微具紫色光泽，

黑鸢

外侧飞羽内翈基部白色，形成翼下一大型白色斑；尾棕褐色，呈浅叉状，黑色和褐色横带相间排列，尾端具淡棕白色羽缘。颏、颊和喉灰白色，具细的暗褐色羽干纹，胸、腹及两胁暗棕褐色，具粗的黑褐色羽干纹。

习性：栖息于开阔平原、草地、荒原和低山丘陵。白天活动，常单独在高空飞翔，秋季有时亦呈2～3只的小群。飞行快而有力，能很熟练地利用上升的热气流升入高空长时间地盘旋翱翔，有时边飞边鸣，鸣声尖锐。性机警，视力敏锐，在高空盘旋时即能见到地面动物的活动。以小鸟、鼠类、蛇、蛙、鱼、野兔、蜥蜴和昆虫等动物为食。每年繁殖期为4—7月，每窝产卵2～3枚。

保护状态：国家Ⅱ级重点保护动物；CITES附录Ⅱ；濒危等级为无危（LC）。

本地种群现状：见于发电沟、红军沟等。种群规模表现为分布十分狭小、数量相对较少。

大鵟　*Buteo hemilasius*　鹰科　夏候鸟

英文名：Upland Buzzard。

别名：豪豹、白鹭豹。

鉴别特征：体长56～71 cm。虹膜黄色；喙灰蓝色；蜡膜黄绿色；脚黄色。跗跖前面常被羽，体色变化较大，分暗型、淡型两种色型。**暗色型**，眉纹黑色，头和颈部羽色稍淡，羽缘棕黄色；上体暗褐色，尾具6条淡褐色和白色横斑；翼下飞羽基部白色，形成白斑；下体淡棕色，具暗色羽干纹及横纹，覆腿羽暗褐色。**淡色型**，眼先灰黑色，耳羽暗褐；头顶、后颈纯白色，具暗色羽干纹；背、肩、腰暗褐色，具棕白色纵纹；飞羽的斑纹与暗型相似；尾羽淡褐色，具8～9条暗褐色横斑；下体淡棕白色，胸侧、下腹及两胁具褐色斑，尾下覆羽白色，覆腿羽暗褐色。

习性：栖息于山地、平原、草原、林缘和荒漠地带，营巢于高山悬崖凹处和边缘上。常单独或小群活动，飞翔时两翼鼓动较慢，常在空中作圈状翱翔。性凶猛，十分机警，休息时多栖息地上、岩石顶上或树

大鵟（暗色型）

大鵟（淡色型）

森林突出物上。以啮齿动物，蛙、石鸡、昆虫等动物性食物为食。每年繁殖期为5—7月，每窝产卵2～4枚。

保护状态：国家Ⅱ级重点保护动物；CITES附录Ⅱ；濒危等级为无危（LC）。

本地种群现状：见于红军沟、上俄沟等。种群规模表现为分布十分狭小、数量相对较少。

普通鵟 *Buteo japonicus* 鹰科 旅鸟

英文名：Eastern Buzzard。

别名：饿老鹰。

鉴别特征：体长48～59 cm。虹膜黄色至褐色；喙灰色，端黑；蜡膜黄色；脚黄色。体色变化较大，有淡色、棕色和暗色3种色型。**淡色型**，头具窄的暗色羽缘；上体多呈灰褐色，羽缘白色；展翅时翼下有显著的大型白斑；尾暗灰褐色，具数道不清晰的黑褐色横斑和灰白色端斑；下体乳黄白色，颏和喉具淡褐色纵纹，胸和两胁具粗的棕褐色横斑和斑纹，腹近乳白色，肛区乳黄白色，覆腿羽黄

普通鵟

褐色。**棕色型**，上体淡褐色或白色；尾棕褐色，羽端黄褐色；颏、喉乳黄色，具棕褐色羽干纹；胸、两胁具大型棕褐色粗斑；腹乳黄色，有淡褐色细斑。**暗色型**，眼先白色，全身黑褐色；尾棕褐色，具暗褐色横斑和灰白色端斑；颏、喉、颊沾棕黄色，覆腿羽黄白色。

习性：在繁殖期间主要栖息于山地森林和林缘地带，秋冬季节则多出现在低山丘陵和山脚平原地带。多单独活动，有时亦见2～4只在天空盘旋。性机警，视觉敏锐。善飞翔，活动主要在白天。以鼠类、蛙、蜥蜴、野兔、鸟类和大型昆虫等动物为食。每年繁殖期为4—7月，5—6月产卵，每窝产卵2～4枚。

保护状态：国家Ⅱ级重点保护动物；CITES附录Ⅱ；濒危等级为无危（LC）。

本地种群现状：见于红军沟、上贡沟、依浪沟、美浪沟、满子沟、沙沟、哑巴沟、格日则沟等。种群规模表现为分布较狭小、数量相对较多。

戴胜 *Upupa epops* 戴胜科 夏候鸟

英文名：Eurasian Hoopoe。

别名：胡哱哱、花蒲扇、山和尚等。

鉴别特征：体长25～31 cm。虹膜褐色；喙黑色，基部淡紫色。喙长且下弯，具长而尖黑的棕栗色羽冠，各羽具黑端，次端斑白色。头、颈淡棕栗色。上背棕褐色，下背和肩黑褐色杂棕白色的羽端和羽缘；上、下背间有黑色、棕白色、黑褐色三道带斑及一道不完整的白色带斑。腰白色，尾上覆羽基部白色端部黑色。喉白色，沾棕。前颈和胸淡棕栗色，腹及两胁由淡棕色转为白色，并杂褐色纵纹，至尾下覆羽全为白色。

习性：栖息于山地、平原、森林、林缘、路边、河谷、农田、草地、村屯和果园等开阔处。多单独或成对活动。性情较为驯善，不太怕人。常在地面上慢步行走，边走边觅食。飞行时两翼扇动缓慢，呈一起一伏的波浪式前进。主要以昆虫为食。每年繁殖期为4—6月，每窝产卵6～8枚。

戴胜

保护状态："三有名录"动物；濒危等级为无危（LC）。

本地种群现状：见于依浪沟、满子沟、沙沟、格日则沟等。种群规模表现为分布很狭小、数量相对较少。

普通翠鸟 *Alcedo atthis* 翠鸟科 留鸟

英文名：Common Kingfisher。

别名：鱼虎、鱼狗等。

鉴别特征：体长 15 ～ 18 cm。虹膜褐色；喙黑色，雌鸟下喙橘黄色。**雄鸟**前额、头顶、枕和后颈黑绿色，密被翠蓝色细窄横斑；眼先和贯眼纹黑褐色，颊和耳覆羽栗棕红色，耳后有一白色斑；肩、背至尾上覆羽辉翠蓝色；尾短小，暗蓝绿色；颏、喉白色，胸灰棕色，腹至尾下覆羽红棕色或棕栗色，腹中央有时较浅淡。**雌鸟**头顶灰蓝色，上体羽色较雄鸟稍淡，多蓝色，少绿色；胸、腹棕红色，但较雄鸟淡。

习性：主要栖息于林区溪流、平原河谷、水库、水塘，甚至水田岸边。常

普通翠鸟

单独活动，一般多停栖在河边树桩和岩石上。常长时间一动不动地注视着水面，一见水中鱼虾，立即以极为迅速而凶猛的姿势扎入水中捕取。有时也沿水面低空直线飞行，飞行速度甚快，常边飞边叫。以小鱼为主，兼吃甲壳类和多种水生昆虫及其幼虫。每年繁殖期为5—8月，每窝产卵5～7枚。

保护状态：“三有名录”动物；濒危等级为无危（LC）。

本地种群现状：仅见于玛可河干流。种群规模表现为分布十分狭小、数量很少。

棕腹啄木鸟 *Dendrocopos hyperythrus* 啄木鸟科 留鸟

英文名：Rufous-bellied Woodpecker。

鉴别特征：体长18～24 cm。虹膜暗褐色（♂）或酒红色（♀）；上喙黑色，下喙淡黄色、稍沾绿。嘴强直如凿；舌细长，能伸缩自如，先端并列生短钩。**雄鸟**额、颊和眼周白色；头顶至颈深红色；背黑、白横斑相间；腰至尾上覆羽黑色；翼上小覆羽黑色，翼余部

棕腹啄木鸟

大都黑色而缀白色点斑，内侧三级飞羽具白横斑；中央尾羽黑色，外侧一对尾羽白色而具黑横斑；颏白色，下体余部大都淡赭石色，仅尾下覆羽粉红色。**雌鸟**头顶黑、白色相杂；背、两翼及尾黑色，具成排的白点；头侧及下体赤褐色，尾下覆羽红色。

习性：主要栖息于次生阔叶林、针阔混交林及冷杉苔藓林中。性隐怯；单只或成对活动。迁徙时常单独飞行。嗜吃昆虫，尤其是蚂蚁。每年繁殖期为4—6月，每窝产卵2～4枚。

保护状态：“三有名录”动物；濒危等级为无危（LC）。

本地种群现状：仅见于格日则沟。种群规模表现为分布十分狭小、数量很少。

大斑啄木鸟　*Dendrocopos major*　啄木鸟科　留鸟

英文名：Great Spotted Woodpecker。

别名：赤鴷、臭奔得儿木、花奔得儿木等。

鉴别特征：体长20～25 cm。虹膜暗红色；喙铅黑色。**雄鸟**额棕白色，

大斑啄木鸟

眼先、眉、颊和耳羽白色，头顶黑色具蓝色光泽，枕具红斑和黑色横带；后颈及两侧白色，形成白色领圈；背、腰黑褐色，具白色端斑；中央尾羽黑褐色，外侧尾羽白色并具黑色横斑；颧纹宽阔呈黑色，向后分上下支，上支延伸至头后部，另一支向下延伸至胸侧；颏、喉至上腹、两胁污白色，略沾桃红色，下腹中央至尾下覆羽红色。**雌鸟**头顶、枕至后颈辉黑色而具蓝色光泽，耳羽棕白色，其余似雄鸟。

习性：栖息于山地和平原针叶林、针阔叶混交林和阔叶林中。常单独或成对活动，繁殖后期则成松散的家族群活动。多在树干和粗枝上觅食。觅食时，常从树的中下部跳跃式地向上攀缘，啄木取食。以昆虫为食，偶尔也食植物性食物。每年繁殖期为4—5月，每窝产卵3～8枚。

保护状态：“三有名录”动物；濒危等级为无危（LC）。

本地种群现状：见于上俄沟、哑巴沟、格日则沟等。种群规模表现为分布十分狭小、数量很少。

三趾啄木鸟 *Picoides tridactylus* 啄木鸟科 留鸟

英文名：Eurasian Three-toed Woodpecker。

鉴别特征：体长20～23 cm。虹膜褐色；喙黑灰色。拇趾退化，仅具三趾。**雄鸟**眼先黑色，杂灰白色羽缘，眼后有一白色纵纹，向后延伸至颈侧；眉纹和耳羽黑色，沾蓝色光泽；额灰白色，头顶金黄色，羽基黑色；颊白色，颚黑色，都延伸至颈侧；枕至腰白色，杂黑色细纹或点斑；尾上覆羽和中央两对尾羽黑色，其余尾羽黑色具宽阔的白色横斑和端斑；颏、喉至上胸污白色，下胸、腹棕白色杂黑斑；尾下覆羽、两胁及覆腿羽黑色，具白色端斑。**雌鸟**与雄鸟相似，但额和头顶黑色而具白色羽端；眉纹、枕、后颈和耳羽黑色，具蓝紫色光泽；眼后耳羽间杂白色纵纹并延伸至头侧后方；背中央白色；胸至尾下覆羽白色，杂黑褐色横纹；其余同雄鸟。

习性：栖息于山地、平原针叶林和混交林中。除繁殖期成对外，常单独活

三趾啄木鸟

动，繁殖后期亦见家族群。性活泼，行动敏捷，啄食迅速有力。以昆虫为食，有时也吃植物种子。每年繁殖期为5—7月，每窝产卵3～6枚。

保护状态：国家Ⅱ级重点保护动物；濒危等级为无危（LC）。

本地种群现状：仅见于格日则沟。种群规模表现为分布十分狭小、数量很少。

黑啄木鸟 *Dryocopus martius* 啄木鸟科 留鸟

英文名：Black Woodpecker。

鉴别特征：体长41～47 cm。虹膜淡黄色；喙蓝灰色至白色，端黑。嘴楔状，鼻孔被羽。**雄鸟**额、头顶至枕朱红色；耳羽、上背黑色，微沾辉绿色；下背、腰、尾上覆羽、翼上覆羽和飞羽辉黑褐色；尾羽黑褐色，羽轴具金属光彩；颏、喉、颊暗褐色，下体余部黑褐色。**雌鸟**与雄鸟相似，但羽色稍淡，仅头后部朱红色。

习性：栖息于针叶林和山毛榉林，喜大片的针叶或落叶林。常单独活动，

黑啄木鸟

繁殖后期则成家族群。主要在树干、粗枝和枯立木上取食。觅食时常用嘴啄敲击树干，很远就能听见。飞行呈波浪式。主食蚂蚁，每年繁殖期为4—6月。

保护状态：国家Ⅱ级重点保护动物；濒危等级为无危（LC）。

本地种群现状：见于依浪沟、美浪沟、上俄沟、满子沟、沙沟、格日则沟等。种群规模表现为分布很狭小、数量相对较少。

灰头绿啄木鸟 *Picus canus* 啄木鸟科 留鸟

英文名：Gray-headed Woodpecker。

鉴别特征：体长26～32 cm。虹膜红褐色；喙灰黑色，基部黄绿色。**雄鸟**眼先黑色，眉纹灰白色，耳羽、颈侧灰色，颧纹黑色宽而明显；额基灰色杂有黑色，头顶朱红色，枕和后颈暗灰色，杂黑色羽干纹；背和翼上覆羽橄榄绿色，腰及尾上覆羽绿黄色；中央尾羽橄榄褐色，端部黑色，羽轴辉亮黑色，外侧尾羽黑褐色具暗色横斑；颏、喉和前颈灰白色，胸、腹、尾下覆羽和两胁灰绿色，

灰头绿啄木鸟

羽端草绿色。**雌鸟**额至头顶暗灰色，具黑色羽干纹和端斑，其余同雄鸟。

习性：主要栖息于低山阔叶林和混交林。常单独或成对活动，很少成群。飞行迅速，呈波浪式前进。常在树干的中下部取食，也常在地面取食，尤其是地上倒木和蚁冢上活动较多。夏季取食昆虫，冬季兼食一些植物种子。每年繁殖期为4—6月，每年繁殖1窝，每窝产卵8～11枚。

保护状态："三有名录"动物；濒危等级为无危（LC）。

本地种群现状：见于依浪沟、美浪沟、执洪沟等。种群规模表现为分布十分狭小、数量相对较少。

红隼 *Falco tinnunculus* 隼科 留鸟

英文名：Eurasian Kestrel。

别名：茶隼、红鹰等。

鉴别特征：体长30～36 cm。虹膜褐色；喙蓝灰色，先端黑色，基部黄

红隼

色；蜡膜黄色。**雄鸟**头、颈蓝灰色，具黑色羽干纹，眉纹棕白色；背、肩和翼上覆羽砖红色，具近似三角形的黑斑；腰和尾蓝灰色，尾具宽阔的黑色次端斑和窄的白色端斑；颏、喉乳白色或棕白色，胸、腹和两胁棕黄色，胸和上腹缀黑褐色细纵纹，下腹和两胁具黑褐色矢状或滴状斑，覆腿羽浅棕色或棕白色。**雌鸟**上体棕红色，头、颈具黑褐色羽干纹，背到尾上覆羽具黑褐色横斑；尾棕红色，具9～12道黑色横斑和宽的黑色次端斑；颊和眼下口角髭纹黑褐色，下体乳黄色微沾棕色，胸、腹和两胁具黑褐色纵纹，覆腿羽乳白色。

习性：栖息于山地森林及开阔地带。喜单独活动，迁徙时常集成小群。视力敏捷，取食迅速。飞翔力强，喜逆风飞翔，可快速振翅停于空中。以大型昆虫、鸟和小哺乳动物为食。每年繁殖期为5—7月，每窝产卵4～5枚。

保护状态：国家Ⅱ级重点保护动物；CITES附录Ⅱ；濒危等级为无危（LC）。

本地种群现状：仅见于红军沟。种群规模表现为分布十分狭小、数量很少。

猎隼 *Falco cherrug* 隼科 夏候鸟

英文名：Saker Falcon。

别名：兔虎、白鹰。

鉴别特征：体长45～55 cm。虹膜褐色；喙灰色，尖端偏黑；蜡膜浅黄。头顶浅褐色，具暗褐色纵纹，眉纹和颊白色，眼下有一条黑色髭纹延伸至颈侧。背、肩、腰暗褐色，具砖红色点斑和横斑，尾黑褐色，具砖红色横斑。下体偏白色，具较细的暗褐色纵纹，尾下覆羽和覆腿羽棕白色，暗褐色纵纹较稀疏。

习性：栖息于山区开阔地带、河谷、沙漠和草地。大多在人迹罕见的悬崖峭壁上的缝隙中营巢。性凶猛，可在空中捕食，也抓地面的猎物。以鸟类和小型动物为食，每年繁殖期为4—6月，每窝产卵3～5枚。

保护状态：国家Ⅰ级重点保护动物；CITES附录Ⅱ；濒危等级为濒危（NE）。

猎隼

本地种群现状：见于红军沟、上贡沟、灯塔水磨沟等。种群规模表现为分布十分狭小、数量相对较少。

灰喉山椒鸟 *Pericrocotus solaris* 山椒鸟科 夏候鸟

英文名：Gray-chinned Minivet。

别名：十字鸟。

鉴别特征：体长16～20 cm。虹膜褐色；喙黑色。**雄鸟**眼先黑色，颊、耳羽、头侧及颈侧灰色或暗灰色；额、头顶至上背、肩黑色或烟黑色具蓝色光泽，下背、腰和尾上覆羽鲜红或赤红色；尾黑色为主，中央尾羽仅外翈端缘橙红色；两翼黑褐色；喉灰色、灰白色或沾黄色，其余下体鲜红色，尾下覆羽橙红色。**雌鸟**眼先灰黑色，颊、耳羽、头侧和颈侧灰色或浅灰色；自额至背深灰色，下背橄榄绿色，腰和尾上覆羽橄榄黄色；两翼和尾与雄鸟同色，但红色被黄色取代；颏、喉浅灰色或灰白色，胸、腹和两胁鲜黄色，翼缘和翼下覆羽深黄色。

灰喉山椒鸟（雌鸟）

习性：主要栖息于低山丘陵地带的杂木林和山地森林。常成小群活动，有时亦与赤红山椒鸟混群。性活泼，飞行姿势优美，常边飞边叫，叫声尖细。喜欢在疏林和林缘地带的乔木上活动，觅食多在树上，很少到地面活动。以昆虫为食，偶尔也吃少量植物种子。每年繁殖期为5—6月，每窝产卵3～4枚。

保护状态："三有名录"动物；濒危等级为无危（LC）。

本地种群现状：见于发电沟、格日则沟等。种群规模表现为分布十分狭小、数量很少。

灰背伯劳 *Lanius tephronotus* 伯劳科 夏候鸟

英文名：Gray-backed Shrike。

别名：灰鵙。

鉴别特征：体长20～25 cm。虹膜暗褐色；喙黑色。**雄鸟**额基、眼先、眼周至耳羽黑色；头顶至下背暗灰色；腰灰色染锈棕色，尾上覆羽锈棕色；中央尾羽近黑色，有淡棕端；外侧尾羽暗褐色，

灰背伯劳

内翈羽色较淡，各羽具窄的淡棕端斑；翼覆羽及飞羽深黑褐色，内侧飞羽及大覆羽具淡棕色外缘及端缘；额、喉白色，颈侧略染锈色；胸以下白色，染较重的锈棕色；胁、股及尾下覆羽锈棕色。**雌鸟**羽色似雄鸟但额基黑羽较窄，略有白色眼纹；头顶灰色染浅棕色；尾上覆羽具黑褐色鳞纹；下体污白色，胸、胁染锈棕色。

习性：栖息于平原至山地疏林地区，在农田及农舍附近较多。常停歇在树梢的干枝或电线上，俯视四周以抓捕猎物。以昆虫为主食。每年繁殖期为5—7月，每窝产卵4～5枚。

保护状态：“三有名录”动物；濒危等级为无危（LC）。

本地种群现状：见于水磨沟、发电沟、红军沟、依浪沟、美浪沟、沙沟、哑巴沟等。种群规模表现为分布较狭小、数量相对较多。

黑头噪鸦 *Perisoreus internigrans* 鸦科 留鸟

英文名：Sichuan Jay。

黑头噪鸦

鉴别特征：体长28～32 cm。虹膜暗褐色；喙角褐色，先端和下喙基部乳白色。**雄鸟**眼先、耳羽、额、鼻须、头顶、头侧及颈侧黑色；肩、背、腰及尾上覆羽黑褐色沾蓝，或乌灰色沾褐，最长的尾上覆羽沾棕褐；翼黑褐色，羽轴辉黑色；尾羽黑褐色，中央尾羽具隐斑；颏、喉黑色或暗烟灰色；胸、腹、胁辉黑褐色；尾下覆羽浅灰沾淡黄；覆腿羽黑色；腋羽烟灰色。**雌鸟**羽色似雄鸟，但颏、喉色较浅淡，尾下覆羽灰色。

习性：栖于亚高山针叶林，活动于较开阔的地带。多单个或成对活动。成对活动时，不时发出鸣叫而相互呼应，多直线飞行。每次飞行距离不远，当遇惊时则飞往远处。以蝗虫、金针虫等昆虫为食，兼吃雏鸟、鸟卵、鼠类、动物尸体以及植物等。每年繁殖期为5—7月，每窝产卵2～4枚。

保护状态：我国特有种，国家Ⅰ级重点保护动物；濒危等级为易危（VU）。

本地种群现状：见于发电沟、王柔沟、依浪沟、上俄沟、下俄沟、哑巴沟、格日则沟等。种群规模表现为分布较狭小、数量相对较多。

喜鹊　*Pica pica*　鸦科　留鸟

英文名：Eurasian Magpie。

别名：客鹊、飞驳鸟等。

鉴别特征：体长37～48 cm。虹膜褐色；喙黑色。**雄鸟**头、颈、背和尾上覆羽灰黑色，后头与颈稍沾紫色，背稍沾蓝绿色；肩白色，腰灰色和白色相杂；翼黑色，初级飞羽内翈具白色大斑，外翈及羽端黑色沾蓝绿光泽；尾黑色，具深绿色光泽，末端具紫红色和深蓝绿色宽带；颏、喉和胸黑色，喉部有时具白色轴纹；上腹和胁白色，下腹和覆腿羽污黑色。**雌鸟**与雄鸟体色基本相似，但光泽不如雄鸟显著，下体黑色呈乌黑或乌褐色，白色部分有时沾灰。

习性：栖息于平原、丘陵、地山地区、农田、村镇。除繁殖期成对活动外，常成3～5只的小群，有时亦见与乌鸦、寒鸦混群。性机警，多为轮流分工守候和觅食。飞翔能力较强，且持久，在地上活动时则以跳跃式前进。繁殖期以昆虫、蛙类等小型动物为食，兼食瓜

喜鹊

果、谷物、植物种子等。每窝产卵5～8枚。

保护状态："三有名录"动物；濒危等级为无危（LC）。

本地种群现状：见于吉拉沟、水磨沟、发电沟、王柔沟、石灰沟、红军沟、依浪沟、美浪沟、灯塔水磨沟、下俄沟、满子沟、沙沟、格日则沟等。种群规模表现为分布很广、数量十分丰富。

红嘴山鸦 *Pyrrhocorax pyrrhocorax* 鸦科 留鸟

英文名：Red-billed Chough。

别名：红嘴鸦、山乌、红嘴燕、长嘴山鸦等。

鉴别特征：体长36～47 cm。虹膜褐色；喙红色。喙细长而弯曲。全身黑色，飞羽和尾羽具有蓝绿色金属光泽，其他体羽具蓝色金属光泽；脚红色。

习性：栖息于丘陵、山地及高原。常成对或成小群在地上活动和觅食，有时也和喜鹊、寒鸦等其他鸟类混群活动。喜在山头上空和山谷间飞翔，飞行轻快，并在鼓翼飞翔之后伴随一阵滑翔。善鸣叫，成天吵

红嘴山鸦

闹不息，甚为嘈杂。以昆虫为食，也吃植物果实。每年繁殖期为4—7月，每年繁殖1窝，每窝产卵3～6枚。

保护状态："三有名录"动物；濒危等级为无危（LC）。

本地种群现状：见于水磨沟、发电沟、红军沟、上贡沟、依浪沟、美浪沟、灯塔水磨沟、上俄沟、满子沟、格日则沟等。种群规模表现为分布较广、数量十分丰富。

黄嘴山鸦 *Pyrrhocorax graculus* 鸦科 留鸟

英文名：Yellow-billed Chough。

别名：短嘴山鸦。

鉴别特征：体长32～42 cm。虹膜红褐色；喙黄色。嘴细而下弯。全身黑色，沾褐具绿色金属光泽，尤以两翼和尾较明显。飞行时尾显圆弧形，歇息时尾较长，远伸出翼后；脚红色。

习性：主要栖息于高山灌丛、草地、荒漠和悬崖等开阔地带。常成群活动，有时也和红嘴山鸦、渡鸦一起混群活动。性胆大而机警，尤喜

黄嘴山鸦

黄嘴山鸦

在垃圾堆上翻找食物。取食昆虫、蜗牛以及其他无脊椎动物，也吃小型脊椎动物，如鼠类等；植物性食物有各种浆果和草籽等。每年繁殖期为4—6月，每窝产卵3～4枚。

保护状态："三有名录"动物；濒危等级为无危（LC）。

本地种群现状：仅见于沙沟。种群规模表现为分布十分狭小、数量很丰富。

达乌里寒鸦 *Corvus dauuricus* 鸦科 留鸟

英文名：Daurian Jackdaw。

别名：东方寒鸦。

鉴别特征：体长30～35 cm。虹膜深褐；喙黑色。额、头顶、头侧、颏、喉黑色，具蓝紫色金属光泽，后头、耳羽杂有白色细纹。后颈、颈侧、上背、胸、腹灰白色或白色。其余体羽黑色，具紫蓝色金属光泽，肛羽具白色羽缘。

习性：栖息于山地丘陵、平原、旷野及农田。喜集群，由几十只到数百只

达乌里寒鸦

个体组成，多则可达数万只，有时也和其他鸦混群活动。性较大胆，主要在地上觅食。常边飞边叫，甚为嘈杂，晚上多栖于附近树上和悬崖。以蝼蛄、甲虫、金龟子等昆虫为食。每年繁殖期为4—6月，每窝产卵4～8枚。

保护状态：“三有名录”动物；濒危等级为无危（LC）。

本地种群现状：见于红军沟、美浪沟等。种群规模表现为分布十分狭小、数量相对较少。

小嘴乌鸦 *Corvus corone* 鸦科 留鸟

英文名：Carrion Crow。

别名：细嘴乌鸦。

鉴别特征：体长41～53 cm。虹膜褐色；喙黑色。喙粗厚，上喙前缘与前额几成直角。上体黑色，除头顶、枕、后颈和颈侧光泽较弱外，初级覆羽、初级飞羽和尾羽具暗蓝绿色光泽，上体余部具紫蓝色金属光泽。下体乌黑色或黑褐色，喉部羽毛呈披针形，具有强烈的绿

小嘴乌鸦

蓝色或暗蓝色金属光泽；其余下体黑色，具紫蓝色或蓝绿色光泽，但明显较上体弱。脚为黑色。

习性：栖息于平原和山地阔叶林、针阔叶混交林、针叶林、次生杂木林等处。除繁殖期单独或成对活动外，其他季节亦少成群或集群不大，通常3～5只。多在树上或电线杆上停歇，觅食则多在地上。性机警。以昆虫和植物果实与种子为食。每年繁殖期为4—6月，每窝产卵3～7枚。

保护状态：“三有名录”动物；濒危等级为无危（LC）。

本地种群现状：见于吉拉沟、水磨沟、发电沟、王柔沟、红军沟、上贡沟、美浪沟、灯塔水磨沟、满子沟、沙沟、格日则沟等。种群规模表现为分布较广、数量很丰富。

大嘴乌鸦 *Corvus macrorhynchos* 鸦科 留鸟

英文名：Large-billed Crow。

别名：巨嘴鸦。

大嘴乌鸦1

大嘴乌鸦2

鉴别特征：体长44 ～ 54 cm。虹膜褐色；喙黑色；脚黑色。喙粗且厚，上喙前缘与前额几成直角，额头特别突出。上体黑色，除头顶、枕、后颈和颈侧光泽较弱外，初级覆羽、初级飞羽和尾羽具暗蓝绿色光泽，上体余部具紫蓝色金属光泽。下体乌黑色或黑褐色，喉羽披针形，具有强烈的绿蓝色或暗蓝色金属光泽；下体余部黑色，具紫蓝色或蓝绿色光泽，但明显较上体弱。

习性：栖息于平原和山地阔叶林、针阔叶混交林、针叶林、次生杂木林等各种森林。除繁殖期成对外，其他季节多成3 ～ 5只或10多只的小群，有时亦见和秃鼻乌鸦、小嘴乌鸦混群。性机警，常伸颈张望和注意观察四周动静。无人的时候很大胆，一旦发现有人会立即发出警叫声，全群一哄而散，飞到附近树上。杂食性。每年繁殖期为3—6月，每窝产卵3 ～ 5枚。

保护状态：“三有名录”动物；濒危等级为无危（LC）。

本地种群现状：见于吉拉沟、水磨沟、发电沟、王柔沟、石灰沟、红军沟、下贡沟、依浪沟、美浪沟、下俄沟、满子沟、沙沟、格日则沟等。种群规模表现为分布很广、数量十分丰富。

渡鸦 *Corvus corax* 鸦科 留鸟

英文名：Common Raven。

别名：渡鸟、胖头鸟等。

鉴别特征：体长61 ～ 71 cm。虹膜深褐色；喙黑色；脚黑色。喙粗厚并略微弯曲，喙基鼻须长达喙的一半；尾楔形且分层明显。体羽黑色，具紫蓝色金属光泽，尤以两翼为最显著。喉至胸部的羽毛很长，且呈披针状。

习性：栖息于林缘草地、荒漠、半荒漠、草甸、河畔、农田、村落。常独栖，但可聚成小群活动，偶成大群。飞行有力，随气流翱翔，常攻击并杀伤其他猛禽。行动积极，嘈杂，能发出大而多样的鸣叫声。主要取食小型啮齿类、小型鸟类、爬行类动物及昆虫和腐肉等，也取食植物的果实等。每窝产卵3 ～ 7枚。

保护状态：“三有名录”动物；濒危等级为无危（LC）。

渡鸦

本地种群现状：见于美浪沟、灯塔水磨沟等。种群规模表现为分布十分狭小、数量很少。

黑冠山雀 *Parus rubidiventris* 山雀科 留鸟

英文名：Black Creasted Tit。

鉴别特征：体长10～12 cm。虹膜褐色；喙黑色；脚蓝灰色。眼先、额至后颈亮黑色，具长的黑色羽冠；颊、耳羽和颈侧淡黄白色，在头侧亦形成一大块白斑；背、肩、腰和尾上覆羽暗蓝灰色；尾暗褐色，羽缘蓝灰色；颏、喉和上胸黑色，下胸、腹和两胁橄榄灰色，尾下覆羽和腋羽棕色。

习性：主要栖息于山地针叶林、竹林和灌丛。繁殖期常单独或成对活动，其他时候多成3～5只的小群，有时亦见和其他山雀混群。以昆虫为食，也吃部分植物性食物。每年繁殖期为10月至翌年6月，每年繁殖1～2窝，每窝产卵4～7枚。

保护状态："三有名录"动物；濒危等级为无危（LC）。

黑冠山雀1

黑冠山雀2

本地种群现状：见于水磨沟、红军沟、依浪沟、美浪沟、执洪沟、灯塔水磨沟、上俄沟、下俄沟、满子沟、沙沟、哑巴沟、格日则沟等。种群规模表现为分布较广、数量十分丰富。

褐冠山雀 *Lophophanes dichrous* 山雀科 留鸟

英文名：Gray-crested Tit。

鉴别特征：体长10～13 cm。虹膜红褐色；喙近黑色；脚蓝灰色。额、眼先和耳羽皮黄色，杂有灰褐色。头顶至后颈及背、肩、腰褐灰色或暗灰色。翅上覆羽同背色；飞羽褐色，初级飞羽除最外侧两枚外，羽缘均微缀蓝灰色，其余飞羽羽缘微缀灰棕色。颏、喉、胸至尾下覆羽等整个下体淡棕色，颈侧棕白色，向后颈延伸形成半领环状。亚成鸟和成鸟相似，但羽冠不明显或无羽冠，羽色较污暗。

习性：栖息于高山针叶林，尤以冷杉、云杉等杉木为主的针叶林较常见。常单独或成对活动，秋冬季节多成3～5只或10余只的小群。性活

褐冠山雀

泼，行动敏捷，常在枝叶间跳来跳去，也在林下灌丛和地上活动、觅食，偶尔也飞到空中捕捉昆虫。主要以鳞翅目、双翅目、鞘翅目、半翅目、直翅目、同翅目、膜翅目等昆虫为食。每年繁殖期为5—7月，平均每窝产卵5枚。

保护状态："三有名录"动物；濒危等级为无危（LC）。

本地种群现状：见于红军沟、依浪沟、美浪沟、执洪沟、上俄沟、下俄沟、哑巴沟、格日则沟等。种群规模表现为分布较狭小、数量很丰富。

白眉山雀 *Parus superciliosus* 山雀科 留鸟

英文名：White-browed Tit。

鉴别特征：体长11～14 cm。虹膜褐色；喙黑色；脚略黑。眉纹显著白色，从鼻孔延伸至后头；黑色贯眼纹从喙基至耳羽。额至后颈黑色，背至尾上覆羽深灰色。喉黑色，头侧、两胁及腹部黄褐色，尾下覆羽皮黄色，下体余部沙棕色。

白眉山雀

习性：栖息于高山针叶林、针阔混交林和灌丛草甸。结小群，有时与雀莺混群。鸣声复杂而多变。

保护状态：中国特有种，国家Ⅱ级重点保护动物；濒危等级为无危（LC）。

本地种群现状：见于依浪沟、美浪沟等。种群规模表现为分布十分狭小、数量相对较少。

四川褐头山雀 *Poecile weigoldicus* 山雀科 留鸟

英文名：Sichuan Tit。

别名：川褐头山雀、四川山雀。

鉴别特征：体长 11 ～ 14 cm。虹膜褐色或暗褐色；喙黑色；脚铅褐色。头顶至后颈栗褐色，背至尾上覆羽赭褐色。尾褐色，具棕色外缘。翼上覆羽同背色，飞羽褐色具赭褐色羽缘。颊至颈侧白色，颏、喉黑色，腹棕色。

习性：主要栖息于针叶林或针阔叶混交林，也栖于阔叶林和人工针叶林。除繁殖期和冬季单独活动或成对活动外，其他季节多成群活动，有

四川褐头山雀

时也与其余山雀混群，大群可多至100余只。常活动在树冠层中下部，活动时个体间不时发出叫声保持联系。性活泼，行动敏捷，在枝丫间穿梭觅食。主要以昆虫为食，也吃少量植物性食物。每年繁殖期为4—6月，每年产1窝，每窝产卵6～10枚。

保护状态：中国特有种，“三有名录”动物；濒危等级为无危（LC）。

本地种群现状：见于水磨沟、发电沟、红军沟、上贡沟、依浪沟、美浪沟、执洪沟、灯塔水磨沟、上俄沟、下俄沟、满子沟、沙沟、哑巴沟、格日则沟等。种群规模表现为分布很广、数量十分丰富。

地山雀 *Pseudopodoces humilis* 山雀科 留鸟

英文名：Ground Tit。

别名：地鸦、土里钻钻。

鉴别特征：体长13～19 cm。虹膜黑褐色；喙黑色；脚黑褐色或黑色。喙细长向下弯曲，体羽蓬松而柔软。眼先暗褐色，颊和耳羽黄褐色。额、头顶至枕深沙褐色，后颈至上背沙白色或皮黄白色，在后

地山雀

颈和上背间形成显著的沙白色块斑。背、肩、腰褐色或沙褐色，尾上覆羽浅褐色或沙土褐色；中央两对尾羽黑褐色或褐色，其余外侧尾羽砂白色或皮黄白色。下体灰白色或污皮黄白色。

习性：栖息于高原草原、高寒草甸和高寒荒漠地带。常单独或成3～5只的小群或家族群活动，主要在地上活动和觅食。性机警、善跳跃，飞行能力弱。行走时双脚跳跃，喜站立于地表高处瞭望。在洞穴中繁殖，有合作繁殖行为。

保护状态：中国特有种，“三有名录”动物；濒危等级为无危（LC）。

本地种群现状：仅见于红军沟。种群规模表现为分布十分狭小、数量相对较少。

大山雀 *Parus major* 山雀科 留鸟

英文名：Great Tit。

别名：花脸雀。

鉴别特征：体长12～15 cm。虹膜褐色；喙黑色；脚暗褐色。**雄鸟**前额、

大山雀

眼先、头顶、枕辉蓝黑色，颊、耳羽和颈侧白色，呈一近似三角形的白斑；后颈黑色，向左右颈侧延伸，与颏、喉和前胸之黑色相连；上背和肩黄绿色，下背至尾上覆羽蓝灰色；翼上覆羽黑褐色，有一显著的灰白色翼带；尾羽黑褐色，外翈蓝灰色，最外侧1对尾羽白色，次1对外侧尾羽末端具白色楔形斑；颏、喉和胸蓝黑色，下体余部白色，中部有一宽阔的黑色纵带，前端与黑色胸相连，往后延伸至尾下覆羽。**雌鸟**羽色与雄鸟相似，但体色稍暗淡，缺少光泽，腹部黑色纵纹较细。

习性：主要栖息于次生阔叶林、阔叶林和针阔叶混交林。性较活泼而大胆，不甚畏人。除繁殖期成对活动外，秋冬季节多成3～5只的小群，有时亦见单独活动的。行动敏捷，常在树枝间穿梭跳跃，或从一棵树飞到另一棵树上，边飞边鸣。以昆虫为食，大山雀也喜欢吃油质的种子。每年繁殖期为4—8月，每年繁殖1～2窝，每窝产卵6～13枚。

保护状态："三有名录"动物；濒危等级为无危（LC）。

本地种群现状：见于水磨沟、红军沟、上贡沟、依浪沟、沙沟、哑巴沟、格日则沟等。种群规模表现为分布较狭小、数量很丰富。

长嘴百灵 *Melanocorypha maxima* 百灵科 留鸟

英文名：Tibetan Lark。

鉴别特征：体长19～23 cm。虹膜褐色；喙黄白色，端黑；脚深褐色。喙细长略向下弯，鼻孔有悬羽掩盖，后爪长而稍弯曲。**雄鸟**头顶棕色，颈浅棕色；上体棕褐色，具黑褐色纵纹；翼上覆羽暗褐色，羽缘色浅，飞羽黑褐色，羽端白色；下体白色，胸具黑色点斑；中央尾羽黑褐色，外侧尾羽白色。**雌鸟**似雄鸟，但颜色暗淡。

习性：栖息于较湿润的草甸草原或沼泽。单独或成对活动。常于地面行走，或振翼作波状飞行，高飞时直冲入云。受惊扰时，常藏匿不动，因有保护色而不易被发觉。以草籽、嫩芽等为食，也捕食昆虫，如蚱蜢、蝗虫等。每年5—6月产卵。卵白色或近黄色。

长嘴百灵

保护状态：中国特有种，“三有名录”动物；濒危等级为无危（LC）。

本地种群现状：仅见于发电沟。种群规模表现为分布十分狭小、数量很少。

小云雀 *Alauda gulgula* 百灵科 夏候鸟

英文名：Oriental Skylark。

别名：大鹨、天鹨、百灵、告天鸟等。

鉴别特征：体长13～17 cm。虹膜褐色；喙褐色，下喙基部淡黄色；脚肉黄色。眼先和眉纹棕白色，耳羽淡棕栗色。上体沙棕或棕褐色，具黑褐色羽干纹，其中头和后颈的较细，背部的较粗。翼黑褐色，外翈具淡棕色羽缘。尾羽黑褐色，微具窄的棕白色羽缘，最外侧1对尾羽几纯白色，仅内翈基部有一暗褐色楔状斑，1对外侧尾羽外翈白色。下体棕白色，胸密布黑褐色羽干纹。

习性：栖息于开阔平原、草地、低山平地、河边沙滩、农田、荒地及沿海滩涂。除繁殖期成对活动外，多成群，有时亦见与鹨混群活动。善

小云雀

奔跑，主要在地上活动，常突然从地面垂直飞起，边飞边鸣，并能悬停于空中片刻，有时飞得太高，仅能听见其声，鸣声清脆悦耳。主要以植物性食物为食，也吃昆虫等动物性食物，属杂食性。每年繁殖期为4—7月，每窝产卵3～5枚。

保护状态："三有名录"动物；濒危等级为无危（LC）。

本地种群现状：仅见于发电沟。种群规模表现为分布十分狭小、数量很少。

角百灵　*Eremophila alpestris*　百灵科　留鸟

英文名：Horned Lark。

鉴别特征：体长15～19 cm。虹膜褐色；喙黑色，下喙基部灰白色；脚黑褐色。**雄鸟**眼先、颊、耳羽黑色，眉纹和前额白色或淡黄色，与颈侧、喉部白色或淡黄色相连，形成环状；头顶前部有一宽的黑色横带，其两端各有2～3枚黑色长羽形成的羽簇伸向头后，状如两只角；枕、上背棕褐色至灰褐色，下背、腰棕褐色具暗褐色纵

角百灵（雄鸟）

角百灵（雌鸟）

纹；尾上覆羽褐色或棕褐色；中央尾羽褐色，羽缘棕色，最外侧1对尾羽几纯白色，次1对外侧尾羽仅外侧白色，或外侧仅具一楔形白斑；下体白色，胸具一黑色横带。**雌鸟**与雄鸟羽色大致相似，但羽冠短或不明显，胸部黑色横带亦较窄小。

习性：栖息于高原草地、荒漠、半荒漠、戈壁滩、高山草甸地区。平时多单独或成对活动，有时亦见成3～5只的小群。主要在地上活动，一般不高飞或远飞。善鸣叫，鸣声清脆婉转，亦常在空中鸣唱。取食昆虫和草籽。每年繁殖期为5—8月，每窝产卵2～5枚。

保护状态："三有名录"动物；濒危等级为无危（LC）。

本地种群现状：见于红军沟、沙沟。种群规模表现为分布十分狭小、数量相对较多。

崖沙燕　*Riparia riparia*　燕科　留鸟

英文名：Bank Swallow。

别名：灰沙燕。

鉴别特征：体长11～14 cm。虹膜褐色；喙黑色；脚黑褐色。眼先黑褐色，耳羽灰褐或黑褐色。头顶、肩、上背和翼上覆羽深灰褐色，下背、腰和尾上覆羽稍淡具不甚明显的白色羽缘。尾浅叉状，深灰褐色，除中夹两对尾羽外，其余尾羽具不甚明显的白色羽缘。颏、喉白色或灰白色，有时白色扩延至颈侧；下体白色或灰白色，胸具灰褐色环带，有的中央部分杂灰白色，少数个体胸带中部向下延伸至上腹中央。

习性：栖息于湖泊、沼泽和江河的泥质沙滩或附近的土崖。繁殖期在砂质土坡上集群筑巢。常成群生活，群体大小多为30～50只，有时亦见与家燕、金腰燕混群飞翔于空中。飞行轻快而敏捷，常穿梭般地往返于水面，且边飞边鸣，但一般不高飞。主要以昆虫为食，每年繁殖期为5—7月，每窝产卵4～6枚。

保护状态："三有名录"动物；濒危等级为无危（LC）。

本地种群现状：仅见于玛可河干流。种群规模表现为分布十分狭小、数量很少。

崖沙燕1

崖沙燕2

岩燕 *Ptyonoprogne rupestris* 燕科 夏候鸟

英文名：Eurasian Crag-Martin。

鉴别特征：体长13 ～ 17 cm。虹膜褐色；喙黑色；脚肉棕色。喙短而宽扁，翼狭长而尖，尾羽短、微内凹近似方形。头顶暗褐色，头两侧、颈和颈侧、背至尾上覆羽及翼上覆羽灰褐色。飞羽和尾羽暗褐灰色。尾羽短，浅叉形，除中央一对和最外侧一对尾羽无白斑外，其余尾羽内侧近端部1/3处有一大型白斑。颏、喉和上胸污白色，有的颏、喉具暗褐色或灰色斑点；下胸和腹棕灰色，两胁、下腹和尾下覆羽烟褐色。

习性：栖息于高山峡谷、悬崖峭壁及干旱河谷。活动敏捷，善于在高空疾飞啄取昆虫。主要以昆虫为食。每年繁殖期为5—7月，每窝产卵3 ～ 5枚。

保护状态："三有名录"动物；濒危等级为无危（LC）。

本地种群现状：仅见于格日则沟。种群规模表现为分布十分狭小、数量相对较少。

岩燕

褐柳莺 *Phylloscopus fuscatus* 柳莺科 夏候鸟

英文名：Dusky Warbler。

鉴别特征：体长11～13 cm。虹膜暗褐色；上喙黑褐色，下喙橙黄色；脚淡褐色。眉纹棕白色，从额基直到枕；贯眼纹暗褐色，自眼先延伸至枕侧；颊和耳羽褐色，杂浅棕色。上体橄榄褐色，翼上覆羽和飞羽暗褐色，羽缘浅灰褐色。尾暗褐色，有的微沾淡棕色。颏、喉白色，微沾皮黄色；胸淡棕褐色，腹白色微沾皮黄色或灰色，两胁棕褐色；尾下覆羽淡棕色，有时微沾褐色。

习性：栖息于山脚平原、山地森林和高山灌丛地带。常单独或成对活动，多在林下、林缘和溪边灌丛与草丛中活动。喜在树枝间跳来跳去。在繁殖期间常站在灌木枝头从早到晚不停地鸣唱，遇有干扰，则立刻落入灌丛中。主要以昆虫为食，每年繁殖期为5—7月，每窝产卵4～6枚。

保护状态："三有名录"动物；濒危等级为无危（LC）。

褐柳莺

本地种群现状：见于美浪沟、上俄沟、哑巴沟、格日则沟等。种群规模表现为分布很狭小、数量相对较多。

华西柳莺 *Phylloscopus occisinensis* 柳莺科 夏候鸟

英文名：Alpine Leaf Warbler。

鉴别特征：体长 9 ～ 12 cm。虹膜褐色，上喙黑褐色，下喙浅褐色；脚黄或绿褐色。眉纹黄白色，长而宽，从鼻直到头后；贯眼纹淡黑色，从眼先到枕侧。上体灰绿色；翼和尾褐色或暗褐色，羽缘黄绿色，中央尾羽羽轴白色。下体草黄色，胸较深为棕黄色，腹较浅为淡黄色；胸侧、颈侧和两胁灰棕色。

习性：主要栖息于中高山森林、灌丛。常单独或成对活动，非繁殖期亦见 3 ～ 5 只的小群。非常敏捷、活泼，靠近地面的灌丛中觅食，不停地跳跃、觅食于枝杈间和地面上。

保护状态："三有名录"动物；濒危等级为无危（LC）。

本地种群现状：见于上贡沟、依浪沟、美浪沟、灯塔水磨沟、上俄沟、满

华西柳莺

子沟、沙沟、哑巴沟、格日则沟等。种群规模表现为分布较狭小、数量很丰富。

棕眉柳莺 *Phylloscopus armandii* 柳莺科 旅鸟

英文名：Yellow-streaked Warbler。

鉴别特征：体长11～14 cm。虹膜褐色或暗褐色；喙黄褐色，下喙较淡；脚灰褐色或铅褐色。眉纹棕白色、长而显著；贯眼纹暗褐色，自眼先向后一直延伸到耳羽上缘；颊和耳覆羽棕褐色。上体橄榄褐色，有的微沾灰色，腰沾绿黄色。两翅和尾黑褐色或暗褐色，外翈羽缘棕褐色或橄榄褐色。颈侧黄褐色；下体绿白色具细的黄色纵纹，两胁和尾下覆羽皮黄色，两胁稍沾橄榄褐色。

习性：主要栖息于中低山地区和山脚平原地带的森林。常单独或成对活动，有时也集成松散的小群，在灌木和树枝间跳跃觅食。主要以毛虫、蚱蜢等鞘翅目、鳞翅目、直翅目等昆虫和昆虫的幼虫为食。每年繁殖期为5—6月，平均产卵5枚。

棕眉柳莺

保护状态："三有名录"动物；濒危等级为无危（LC）。

本地种群现状：见于上贡沟、依浪沟、美浪沟、灯塔水磨沟、哑巴沟等。种群规模表现为分布很狭小、数量相对较多。

淡黄腰柳莺 *Phylloscopus chloronotus* 柳莺科 夏候鸟

英文名：Lemon-rumped Warbler。

鉴别特征：体长 8 ～ 10 cm。虹膜褐色或暗褐色，喙黑褐色，下喙角褐色，基部黄色或棕褐色；脚绿褐色或淡棕褐色。眉纹污黄色或灰黄色，贯眼纹褐色，耳羽后有淡色斑点，头侧暗黄白色与暗褐色相杂。头顶黑褐色，中央冠纹污黄或淡黄色。上体橄榄褐色为主，有时微沾灰绿色；腰淡黄色或柠檬黄色，形成宽阔的腰带。尾暗褐色或橄榄褐色，外翈羽缘黄绿色或橄榄黄色。两翼褐色或暗褐色，外翈羽缘橄榄黄色或黄绿色，具两道翅斑，前面一道常常不是很明显。下体浅灰黄色为主，腹黄白色，两胁沾橄榄绿色，尾下覆羽淡黄色。

淡黄腰柳莺

习性：主要栖息于中高山针叶林和针阔叶混交林中，秋冬季多见于山脚和沟谷地带。常单独或成对活动，有时亦成小群或与其他柳莺和山雀混群。树栖性，主要活动于乔木上，很少到地上或灌丛中。性活泼，行动敏捷。主要以昆虫为食。每年繁殖期为5—7月，每窝产卵4～5枚。

保护状态："三有名录"动物；濒危等级为无危（LC）。

本地种群现状：见于上贡沟、依浪沟等。种群规模表现为分布十分狭小、数量相对较少。

乌嘴柳莺 *Phylloscopus magnirostris* 柳莺科 夏候鸟

英文名：Large-billed Leaf Warbler。

鉴别特征：体长11～13 cm。虹膜暗褐色或红褐色；喙暗褐色或棕褐色，下喙基部肉色或角黄色；脚角褐色。眉纹黄白色，长而宽阔；具一条暗褐色贯眼纹；颊和耳羽褐和黄色相混杂。上体橄榄褐色，头顶较暗沾灰；腰较淡而发亮。两翼暗褐色，外翈羽缘橄榄绿色；

乌嘴柳莺

中覆羽和大覆羽先端黄色或皮黄色，具黄色或黄白色羽端，形成两道翼斑，但中覆羽羽端黄白色常常不明显或缺失。尾羽暗褐色，外翈羽缘绿色，外侧2对尾羽内翈具非常窄的白色羽缘。下体淡黄色或黄白色，胸和两胁沾橄榄灰色。腋羽和翼下覆羽黄色沾灰。

习性：主要栖息于山地和高原的针叶林、针阔叶混交林、灌丛或落叶林中，以及峡谷两岸的杜鹃丛中。常单独或成对活动。在繁殖期间占区性甚强烈，雄鸟站在巢区树上鸣叫，鸣声较高而短。性活泼，频繁地在树冠层枝叶间跳跃或飞来飞去，有时也见于在林下、溪边灌丛和岩石上活动和觅食。以昆虫为食。每年繁殖期为6—8月，每窝产卵3～5枚。

保护状态："三有名录"动物；濒危等级为无危（LC）。

本地种群现状：仅见美浪沟。种群规模表现为分布十分狭小、数量很少。

中华雀鹛 *Fulvetta striaticollis* 莺鹛科 留鸟

英文名：Chinese Fulvetta。

中华雀鹛

鉴别特征：体长10～15 cm。虹膜近白色；喙褐色，下喙较浅淡；脚浅褐色。颊浅褐色，眼先略黑。额至尾上覆羽褐色沾茶黄色，头顶及上背略具深色纵纹。两翼棕褐色，初级飞羽羽缘白色呈浅色翼纹。尾褐色，外缘栗褐色。颏、喉至胸近白色，具黑褐色轴纹；腹和尾下覆羽灰褐色或浅灰色，中央近白色。

习性：主要栖息于山区的栎树灌丛及荆棘丛。成小群活动，频繁地在林下灌丛、竹灌丛和山坡灌丛内跳跃和飞来飞去，有时也到地面活动和觅食。

保护状态：中国特有种，“三有名录”动物；濒危等级为无危（LC）。

本地种群现状：见于发电沟、红军沟、依浪沟、美浪沟、执洪沟、上俄沟、下俄沟、格日则沟等。种群规模表现为分布较狭小、数量很丰富。

大噪鹛 *Garrulax maximus* 噪鹛科 留鸟

英文名：Giant Laughingthrush。

大噪鹛

别名：花背噪鹛。

鉴别特征：体长30～37 cm。眼虹膜黄色；喙黑褐色，下喙黄色；脚黄色。眼先近白色，颊后部、耳羽和颈侧栗色。额至头顶暗褐或黑褐色；上体余部暗栗色或栗褐色，各羽端有一近似圆形的白色斑点，白色斑点前或四周黑色，使白色斑点尤为醒目。翼上覆羽与背同色，初级覆羽和大覆羽具白色端斑。飞羽黑褐色。中央尾羽棕褐或灰褐色，羽缘缀灰色具窄的白色尖端；外侧尾羽黑褐色往基部逐渐变为蓝灰或暗灰色、具若干黑褐色横斑和宽的白色端斑。颏、喉和上胸棕褐色或栗褐色，上胸有时具细窄的黑色次端斑和棕白色端斑；其余下体纯棕褐色或皮黄色。

习性：主要栖息于亚高山和高山森林灌丛及其林缘地带。常成群活动，也常与其他噪鹛混群。性胆怯而隐匿，常在林下或林缘茂密的灌丛间跳来跳去，或在地面落叶层中觅食，常常仅闻其声而不见其影，叫声响亮、粗犷。主要以昆虫和昆虫幼虫等动物性食物为食，也吃植物果实和种子。

保护状态：中国特有种，“三有名录”动物；濒危等级为无危（LC）。

本地种群现状：整个玛可河各地均有发现。种群规模表现为分布十分广泛、数量很丰富。

山噪鹛 *Garrulax davidi* 噪鹛科 留鸟

英文名：Pterorhinus Davidi。

鉴别特征：体长22～28 cm。虹膜灰褐色；喙黄色，嘴峰微沾褐色；脚肉色或灰褐色。眼先灰白色，羽端黑色；眉纹和耳羽淡褐或淡沙褐色。上体灰沙褐色，头顶具暗色羽缘、有的还具深褐色轴纹；腰和尾上覆羽更显灰色。飞羽暗灰褐色或黑褐色，外翈羽缘灰色或亮灰白色；两翼覆羽灰褐色。尾黑褐色，中央一对尾羽灰沙褐色，端部暗褐色；其余尾羽基部稍沾灰褐色，具不明显的隐约可见的暗色横斑。颏黑色，喉、胸灰褐色，腹和尾下覆羽淡灰褐色。

习性：主要栖息于山地灌丛和矮树林中，也见于山脚、平原和溪流沿岸柳

山噪鹛

树丛。常成对或成3～5只的小群活动和觅食。性机警，多隐蔽于灌丛下或地面活动。善鸣叫，鸣声多变，清脆、悦耳而富有音韵，甚为动听。鸣叫时，常振翅展尾，频繁地在树枝间跳上跳下或跳来跳去。以昆虫和昆虫幼虫为食，也吃植物果实和种子。每年繁殖期为5—7月，每窝产卵3～5枚。

保护状态：中国特有种，"三有名录"动物；濒危等级为无危（LC）。

本地种群现状：见于水磨沟、发电沟、石灰沟、红军沟、依浪沟、沙沟、格日则沟等。种群规模表现为分布较狭小、数量很少。

橙翅噪鹛 *Trochalopteron elliotii* 噪鹛科 留鸟

英文名：Elliot's Laughingthrush。

鉴别特征：体长21～29 cm。虹膜黄色；喙黑色。眼先黑色，颊、耳羽橄榄褐色或灰褐色，有的耳羽呈暗栗色或黑褐色，羽端微具白色狭缘。额近沙黄色，头顶至后颈深葡萄灰色或沙褐色。上体余部包括两翼覆羽橄榄褐色或灰橄榄褐色，有的近似黄褐色。飞羽暗

橙翅噪鹛

褐色，外侧飞羽外翈淡蓝灰色或银灰色，基部橙黄色，从外向内逐渐扩大，形成翅斑；内侧飞羽外翈与背相似，内翈暗褐色。尾羽具白色端斑，且越往外侧白色端斑越大；中央尾羽灰褐色或金黄绿色，外侧尾羽内翈暗灰色、外翈绿色而缘以橙黄色。颏、喉、胸淡棕褐色或浅灰褐色，上腹和两胁橄榄褐色，下腹和尾下覆羽栗红或砖红色。

习性：主要栖息于山地和高原森林与灌丛中。除繁殖期成对活动外，其他季节多成群。常在灌丛下部枝叶间跳跃、穿梭或飞进飞出，有时亦见在林下地上落叶层间活动和觅食，并不断发出叫声，尤以清晨和傍晚鸣叫频繁。受惊后或快速落入灌丛深处，或从一灌丛飞向另一灌丛，一般不远飞。以昆虫和植物果实与种子为食。每年繁殖期为4—7月，每窝产卵2～3枚。

保护状态：中国特有种，“三有名录”动物；濒危等级为无危（LC）。

本地种群现状：整个玛可河各地均有发现。种群规模表现为分布十分广泛、数量很丰富。

霍氏旋木雀 *Certhia hodgsoni* 旋木雀科 留鸟

英文名：Bar-tailed Treecreeper。

鉴别特征：体长12～15 cm。虹膜暗褐色或茶褐色；上喙黑色，下喙乳白色。嘴长而下曲，尾羽硬而长，可为树上爬动和觅食起支撑作用。眉纹宽白色，从鼻孔延伸至枕。头顶至颈黑、白、褐以及深棕等多色斑驳。上体余部棕褐色，具白色纵纹，腰和尾上覆羽红棕色。尾黑褐色，外翈羽缘淡棕色。翼黑褐色，翼上覆羽羽端棕白色，飞羽中部具两道淡棕色带斑。喉至尾下覆羽纯白色。

习性：主要栖息于山地针叶林和针阔叶混交林、阔叶林和次生林，通常聚集于成熟林或有茂密老成大树的林地。常单独或成对活动，繁殖期后亦常见呈3～5只的家族群。飞行能力不佳，更擅长在树干上垂直攀爬。性极活跃，大部分时间沿树干呈螺旋状攀缘，以寻觅树皮中的昆虫，如此往复不停。

保护状态："三有名录"动物；濒危等级为无危（LC）。

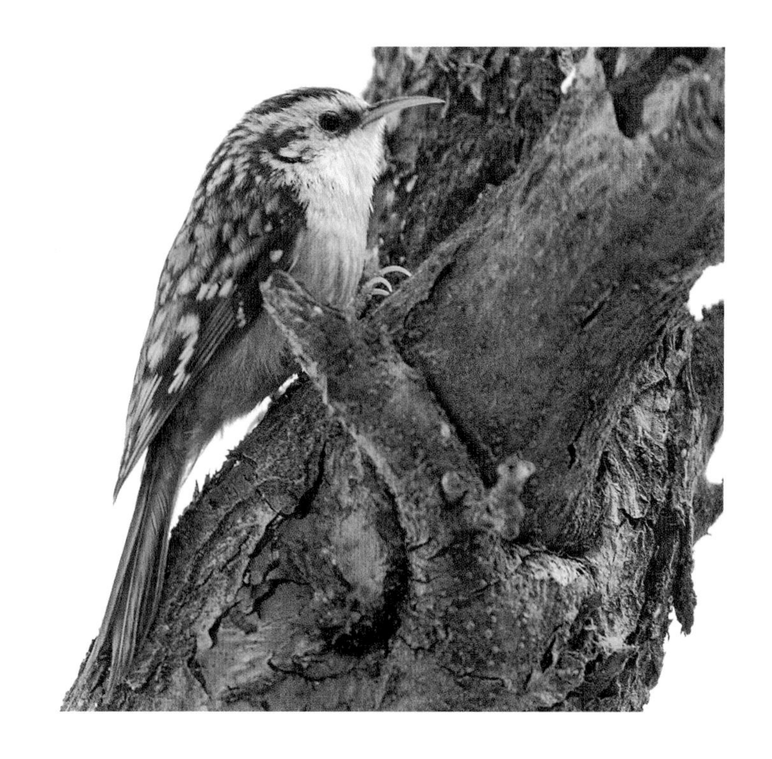

霍氏旋木雀

本地种群现状：见于依浪沟、执洪沟、下俄沟、哑巴沟、格日则沟等。种群规模表现为分布很狭小、数量相对较少。

高山旋木雀 *Certhia himalayana* 旋木雀科 留鸟

英文名：Bar-tailed Treecreeper。

鉴别特征：体长12～15 cm。虹膜褐色；喙褐色，下喙基部乳白色。眼先黑色，眉纹棕白色；颊和耳羽黑褐色，杂棕白色。额、头顶、枕至背黑褐色，羽端具大小不同的椭圆形灰白色斑；腰锈褐色，尾上覆羽淡棕褐色。尾棕褐色，长而坚硬呈楔形具黑褐色横斑。翅上覆羽与背同色，初级覆羽基部棕色；飞羽淡棕褐色，具细的黑褐色横斑和一道棕色带斑，羽端具棕白色斑点。颏、喉、腋羽和翅下覆羽乳白色，胸、腹、两胁和尾下覆羽灰棕色。

习性：主要栖息于山地针叶林和针阔叶混交林中。多单独或成对活动，非繁殖期有时也成2～3只的小群或与山雀等其他小鸟混群。性活泼，行动敏捷，常沿树干做螺旋形攀缘，啄食树木表面和树皮缝隙

高山旋木雀

中的昆虫。有时亦见在树冠小枝上攀爬觅食和下到地面啄食。主要以昆虫为食，所吃食物有象甲、金花虫、锹形甲、蠼螋等。每年繁殖期为4—6月，一年繁殖1窝，每窝产卵4～6枚。

保护状态："三有名录"动物；濒危等级为无危（LC）。

本地种群现状：见于灯塔水磨沟、格日则沟等。种群规模表现为分布十分狭小、数量很少。

黑头鳾 *Sitta villosa* 鳾科 留鸟

英文名：Snowy-browed Nuthatch。

别名：贴树皮、桦木炭儿、松树儿等。

鉴别特征：体长10～12 cm。虹膜褐色；喙黑色，基部较浅。喙细直微向上翘。**雌鸟**眉纹白色细长，杂淡黄色，从鼻孔延伸至后颈；过眼纹黑色，断断续续；头顶至枕黑色，颈至尾上覆羽蓝灰色；下体灰棕色或棕黄色；体侧白色。**雌鸟**顶冠灰色，上体余部淡紫灰色；喉及颊偏白，下体余部黄褐色。

黑头鳾

习性：栖息于针叶林、针阔叶混交林。在树洞中营巢繁殖。常在树干、树枝上攀爬，觅食昆虫。

保护状态：中国特有种，“三有名录”动物；濒危等级为无危（LC）。

本地种群现状：见于依浪沟、格日则沟等。种群规模表现为分布十分狭小、数量很少。

白脸䴓 *Sitta leucopsis* 䴓科 留鸟

英文名：White-cheeked Nuthatch。

鉴别特征：体长 11 ～ 13 cm。虹膜褐色；喙黑色。眉纹白色，从额基向两侧延伸至颈侧。额、头顶至枕黑色，上体余部灰蓝色或紫灰色；颊和头侧白色或皮黄色，下颚基部灰色。喉棕白色，下体余部浓黄褐色。

习性：主要栖息于高山针叶林。主要以树干和树枝上的昆虫为食。成对或结小群，有时与其他种类混群。

保护状态：“三有名录”动物；濒危等级为无危（LC）。

本地种群现状：仅见于红军沟。种群规模表现为分布十分狭小、数量很少。

白脸䴓

鹪鹩 *Troglodytes troglodytes* 鹪鹩科 留鸟

英文名：Eurasian Wren。

鉴别特征：体长 10 ～ 17 cm。虹膜褐色；上喙黑褐色，下喙较浅。喙长而细直，尾短小上翘。**冬羽**，眉纹皮黄色，眼先、耳羽及颊棕灰色，杂黄褐色点斑和条纹；额、头顶至尾上覆羽棕褐色，腰至尾具黑褐色横斑；颏、喉污白色，具浅棕色羽缘；前颈、胸棕灰色，具黑褐色细横斑；腹和两胁浓棕色，具宽的稀疏黑褐与棕白色相间排列的横斑；尾下覆羽红棕色，具黑褐及棕色横斑和白色端斑。**夏羽**，与冬羽变化甚少，仅下体羽色较淡，腹部的棕白色横斑几变为白色。

习性：栖息于森林、灌丛、城镇花园、农场、草丛。一般独自或成双或集小群活动。性活泼而怯懦，很善于隐蔽，领地意识非常强烈。飞行时，一般近地面飞行，飞行迅速而敏捷。栖止时常高翘其尾。取食蜘蛛、毒蛾、螟蛾、天牛、小蠹、象甲、蝽象等昆虫。每年繁殖期

鹪鹩（冬羽）

鹪鹩（夏羽）

为4—9月，每窝产卵4～6枚。

保护状态：“三有名录”动物；濒危等级为无危（LC）。

本地种群现状：见于水磨沟、红军沟、上贡沟、美浪沟、灯塔水磨沟、满子沟、沙沟、哑巴沟、格日则沟等。种群规模表现为分布较狭小、数量相对较多。

河乌 *Cinclus cinclus* 河乌科 留鸟

英文名：White-throated Dipper。

鉴别特征：体长17～20 cm。虹膜红褐色；喙黑色。雌雄羽色相似，有两个色型。**白色型**，眼圈灰白色，眼先、耳羽棕褐色；额、头顶、后颈、上背暗棕褐色，具苍白色羽缘；下背至尾上覆羽石板灰色，具暗色斑纹，尾羽褐灰色；颏、喉、胸白色，腹、胁浓棕褐色，尾下覆羽灰褐色。**褐色型**，上体似白色型，但额至后颈色较浅淡；颏、喉、胸暗棕褐色，偶具浅色纵纹；腹、胁、尾下覆羽暗褐色，羽缘沾灰。

习性：栖息于开阔清澈而湍急的山间溪流。单个或成对活动，沿河流上下飞行。在河流浅水处常涉水寻食，深水处则潜水寻食。在石上栖息时常有屈腿下蹲、点头、翘尾等动作。以水生昆虫及其他水生小形无脊椎动物为食。每年繁殖期为4—7月，一年1窝，每窝产卵4～5枚。

保护状态："三有名录"动物；濒危等级为无危（LC）。

本地种群现状：见于水磨沟、红军沟、上贡沟、依浪沟、美浪沟、上俄沟、沙沟、格日则沟等。种群规模表现为分布较狭小、数量相对较多。

灰头鸫 *Turdus rubrocanus* 鸫科 留鸟

英文名：Chestnut Thrush。

鉴别特征：体长23～29 cm。虹膜褐色；喙黄色。**雄鸟**前额、头顶、眼先、头侧、枕、后颈、颈侧、上背烟灰或褐灰色；背、肩、腰和尾上覆羽暗栗棕色；两翼和尾黑色；颏、喉和上胸烟灰色或暗褐色，颏、喉杂灰白色；下胸、腹和两胁栗棕色，尾下覆羽黑褐色

灰头鸫

杂灰白色羽干纹和端斑。**雌鸟**与雄鸟相似，但羽色较淡；颏、喉白色具暗色纵纹。

习性：栖息于山地阔叶林、混交林、杂木林、竹林、针叶林及林缘灌丛，有时到村寨及农田。常单独或成对活动，迁徙季节亦集成几只或10多只的小群，有时亦见与其他鸫类结成混合群。性胆怯而机警，遇干扰立刻发出警叫声。常在林下灌木或乔木树上活动和觅食，但更多是下到地面觅食。以昆虫为食，也吃植物果实和种子。每年繁殖期为4—7月，每窝产卵3～4枚。

保护状态："三有名录"动物；濒危等级为无危（LC）。

本地种群现状：见于发电沟、红军沟、灯塔水磨沟、满子沟等。种群规模表现为分布很狭小、数量相对较少。

棕背黑头鸫 *Turdus kessleri* 鸫科 留鸟

英文名：White-backed Thrush。

别名：克氏鸫、棕背鸫。

棕背黑头鸫（亚成鸟）

棕背黑头鸫（雄鸟）

鉴别特征：体长23～29 cm。虹膜红褐色；喙黄色。**雄鸟**前额、头顶、头侧、后颈黑色，上背棕白色；下背、腰和尾上覆羽深栗色，两翼和尾黑色；颏、喉黑色，上胸棕白色，往后转为深栗色。**雌鸟**（未拍摄到）前额、头顶、头侧、后颈、颈侧橄榄褐色；耳羽橄榄褐色，具细的棕白色羽干纹；两翼和尾暗褐色，上体余部黄棕色；颏、喉棕黄色，喉侧具少许暗褐色斑；胸橄榄褐色，腹棕黄色；尾下覆羽暗褐色，具棕黄色端斑。

习性：栖息于高山针叶林和林线以上的高山灌丛地带。常单独或成对活动，有时也成群。性沉静而机警，一般较少鸣叫，遇有危险时则发出大而刺耳的惊叫声。常贴近地面低空飞行。

保护状态：中国特有种，“三有名录”动物；濒危等级为无危（LC）。

本地种群现状：见于吉拉沟、水磨沟、发电沟、石灰沟、红军沟、依浪沟、美浪沟、执洪沟、灯塔水磨沟、沙沟、格日则沟等。种群规模表现为分布较广、数量很丰富。

红胁蓝尾鸲 *Tarsiger cyanurus* 鹟科 夏候鸟

英文名：Red-flanked Bluetail。

别名：蓝点冈子、蓝尾巴根子。

鉴别特征：体长13～16 cm。虹膜褐色或暗褐色；喙黑色。**雄鸟**眉纹白色沾棕，有的在眼上方前部转为蓝色；眼先、颊黑色，耳羽黑褐色、杂淡褐色斑纹；头顶至尾上覆羽灰蓝色，头顶两侧和尾上覆羽特别鲜亮呈摄像机；尾黑褐色，中央1对尾羽具蓝色羽缘，外侧尾羽仅外翈羽缘稍沾蓝色，愈向外侧蓝色愈淡；翼上中、小覆羽灰蓝色；飞羽黑褐色，最内侧2～3枚飞羽外翈沾蓝色，其余飞羽具暗棕或淡黄褐色狭缘；颏、喉、胸棕白色，腹至尾下覆羽白色，胸侧灰蓝色，两胁橙红色。**雌鸟**额、眼先、眼周淡棕色或棕白色，耳羽橄榄褐色杂棕白色羽缘；上体橄榄褐色，腰和尾上覆羽灰蓝色；尾黑褐色，沾灰蓝色；胸沾橄榄褐色，胸侧无灰蓝色，其余似雄鸟。

习性：主要栖息于山地针叶林、针阔叶混交林和林缘疏林灌丛地带。常单

红胁蓝尾鸲（雌鸟）

红胁蓝尾鸲（雄鸟）

独或成对活动，有时成3～5只的小群。主要为地栖性，多在林下奔跑或在灌木低枝间跳跃，性甚隐匿，除在繁殖期间雄鸟站在枝头鸣叫外，一般多在林下灌丛间活动和觅食。停歇时常上下摆尾。以昆虫为食，兼食植物性食物。每年繁殖1窝，每窝产卵4～7枚。

保护状态："三有名录"动物；濒危等级为无危（LC）。

本地种群现状：仅见于美浪沟。种群规模表现为分布十分狭小、数量很少。

蓝眉林鸲 *Tarsiger rufilatus* 鹟科 夏候鸟

英文名：Himalayan Bluetail。

鉴别特征：体长12～16 cm。虹膜褐色；喙黑色。**雄鸟**眼先黑色，眉纹亮蓝色（有时显白），从眼先延伸耳部；耳羽、头顶灰蓝色，头两侧和尾上覆羽亮蓝色；尾蓝色；翼中、小覆羽灰蓝色，其余覆羽暗褐色羽缘沾灰蓝色；飞羽灰蓝色，最内侧2～3枚飞羽外翈沾蓝色；颏、喉、胸棕白色，胸侧和两胁橙红色。**雌鸟**（未拍摄到）眉纹不显或呈隐约细长灰白色，额、眼先、眼周淡棕色或棕白色，

蓝眉林鸲（雄鸟）

耳羽橄榄褐色杂棕白色羽缘；头和上体橄榄褐色，腰和尾上覆羽灰蓝色；尾黑褐色，沾灰蓝色；胸橄榄褐色，胸侧和两胁淡棕色。

习性：主要栖息于山地针叶林、针阔叶混交林和林缘疏林灌丛地带。常单独或成对活动，有时亦成3～5只的小群。地栖性为主，多在灌木低枝间跳跃或地面奔跑，性甚隐匿，除在繁殖期间雄鸟站在枝头鸣叫外，一般多在林下灌丛间活动和觅食。停歇时常上下摆尾。

保护状态："三有名录"动物；濒危等级为无危（LC）。

本地种群现状：见于红军沟、上贡沟、依浪沟、美浪沟、灯塔水磨沟、满子沟、格日则沟等。种群规模表现为分布较狭小、数量很丰富。

白喉红尾鸲 *Phoenicurus schisticeps* 鹟科 留鸟

英文名：White-throated Redstart。

鉴别特征：体长14～16 cm。虹膜褐色；喙黑色。**雄鸟夏羽**，额、头顶至枕钴蓝色；头侧、背、肩黑色，肩具宽的栗棕色端斑；腰和尾

白喉红尾鸲（雄鸟夏羽）

白喉红尾鸲（雄鸟冬羽）

白喉红尾鸲（雌鸟）

上覆羽栗棕色；尾黑色，基部栗棕色；两翼黑褐色，具大型白色翼斑；颏、喉黑色，喉中央有一白斑；下体余部栗棕色，腹中央灰白色。**雄鸟冬羽**，和夏羽基本相似，但头部钴蓝色较暗，头和背部黑色部分均具棕色羽缘，胸具暗黄色或灰色狭缘。**雌鸟**头顶、背、肩橄榄褐色沾棕，腰和尾上覆羽栗棕色；尾暗褐色，基部栗棕色，端部具淡棕色羽缘；两翼暗褐色，翼上白斑较雄鸟小；下体褐灰色。

习性：栖息于高山针叶林、林缘、沟谷溪流沿岸灌丛，冬季下至村庄及低地。常单独或成对活动。性活泼。以昆虫幼虫为食，也吃植物果实和种子。每年繁殖期为5—7月，每窝产卵3～4枚。

保护状态：“三有名录”动物；濒危等级为无危（LC）。

本地种群现状：见于吉拉沟、水磨沟、发电沟、石灰沟、红军沟、上贡沟、依浪沟、美浪沟、灯塔水磨沟、上俄沟、满子沟、哑巴沟、格日则沟等。种群规模表现为分布广泛、数量很丰富。

蓝额红尾鸲 *Phoenicurus frontalis* 鹟科 留鸟

英文名：Blue-fronted Redstart。

鉴别特征：体长14～17 cm。虹膜褐色；喙黑色。**雄鸟**眉纹较短，灰蓝色；头顶至背黑色，具蓝色金属光泽；腰、尾上覆羽橙棕色或棕色；中央尾羽黑色，外侧尾羽橙棕色具宽阔的黑色端斑；头侧、颈侧、颏、喉和上胸黑色，具蓝色金属光泽；下体余部橙棕色或棕色。**雌鸟**（未拍摄到）眼圈棕白色，头顶至背棕褐色或暗棕褐色，腰和尾上覆羽栗棕色或棕色；中央尾羽黑褐色，外侧尾羽栗棕色具黑褐色端斑；头侧、颈侧、颏、喉、胸淡棕褐色，腹至尾下覆羽橙棕色。

习性：栖息于亚高山针叶林和高山灌丛草甸，尤以多岩石的疏林灌丛和沟谷灌丛较常见。常单独或成对活动，迁徙时结小群。不断地在灌木间窜来窜去或飞上飞下，停栖时尾不断地上下摆动。以昆虫为食，也吃少量植物果实与种子。每年繁殖期为5—8月，每窝产卵3～4枚。

蓝额红尾鸲（雄鸟）

保护状态：“三有名录”动物；濒危等级为无危（LC）。

本地种群现状：见于红军沟、上贡沟、依浪沟、美浪沟、灯塔水磨沟、上俄沟、满子沟、沙沟、哑巴沟、格日则沟等。种群规模表现为分布较广、数量相对较多。

赭红尾鸲 *Phoenicurus ochruros* 鹟科 留鸟

英文名：Black Redstart。

鉴别特征：体长13 ～ 16 cm。虹膜褐色；喙黑色。**雄鸟**额、头顶、背、头侧及颈侧暗灰色或黑色；腰和尾上覆羽栗棕色；中央尾羽褐色，外侧尾羽亦为栗棕色；翼上覆羽黑色或暗灰色，飞羽暗褐色；颏、喉、胸黑色，腹至尾下覆羽栗棕色。**雌鸟**前额和眼周浅黄色；上体灰褐色，有的沾棕色；两翼褐色或浅褐色；腰、尾上覆羽和外侧尾羽淡栗棕色，中央尾羽淡褐色；颏至胸灰褐色，腹浅棕色，尾下覆羽浅棕褐色或乳白色。

习性：栖息于高山灌丛、草地、河谷、岩石草坡、荒漠、农田及村庄附近

赭红尾鸲（雄鸟）

赭红尾鸲（雌鸟）

的小块林地。除繁殖期成对外，平时多单独活动。常在林下、灌丛中活动和觅食。喜停栖在灌木上或树木低枝上，当发现地上食物时才突然飞下捕食。以昆虫为食，偶尔也吃植物种子、果实和草籽。每年繁殖期为5—7月，每年繁殖1窝，每窝产卵4～6枚。

保护状态："三有名录"动物；濒危等级为无危（LC）。

本地种群现状：见于红军沟、依浪沟、沙沟、哑巴沟等。种群规模表现为分布十分狭小、数量相对较少。

黑喉红尾鸲 *Phoenicurus hodgsoni* 鹟科 留鸟

英文名：Hodgson's Redstart。

鉴别特征：体长13～16 cm。虹膜褐色；喙黑色。**雄鸟**前额白色或灰白色，有的直达眼后，形成白色或灰白色眉纹；头顶、枕浅灰色，颈至腰灰色或暗灰色；尾上覆羽和尾羽棕色或栗棕色，中央1对尾羽内翈淡黑褐色或褐色；两翼暗褐色，具明显的白色翼斑；眼先、头侧、颏、喉一直到上胸黑色，下体余部棕色或栗色。**雌鸟**（未拍

黑喉红尾鸲（雄鸟）

摄到）眼先、头侧浅棕褐色，额至背、肩、翼上覆羽灰褐色；飞羽暗褐色，腰、尾上覆羽和尾羽与雄鸟相同；下体灰褐色，微沾棕色或绿色，腹中部近白色，尾下覆羽浅棕色。

习性：栖息于高山灌丛、草地、林缘疏林、河谷及农田附近。常单独或成对活动，有时亦见成3～5只的小群。多活动在草灌丛中，也常在低矮树丛间飞行。以昆虫为食；每年繁殖期为5—7月，每窝产卵4～6枚。

保护状态："三有名录"动物；濒危等级为无危（LC）。

本地种群现状：见于水磨沟、发电沟、红军沟、上贡沟、依浪沟、美浪沟、灯塔水磨沟、上俄沟、满子沟、沙沟、哑巴沟、格日则沟等。种群规模表现为分布较广、数量十分丰富。

北红尾鸲 *Phoenicurus auroreus* 鹟科 夏候鸟

英文名：Daurian Redstart。

鉴别特征：体长13～16 cm。虹膜褐色；喙黑色。**雄鸟**额、头顶、颈至上背灰色或深灰色，个别个体灰白色，下背黑色；两翼黑色或黑褐色，具一道明显的白色翼斑；腰和尾上覆羽橙棕色；头侧、颈侧、颏、喉和上胸黑色。**雌鸟**额、头顶、头侧、颈、背、肩及翼上内侧覆羽橄榄褐色，其余翼上覆羽和飞羽黑褐色，具白色翼斑，但较雄鸟小；腰、尾上覆羽和尾淡棕色，中央尾羽暗褐色，外侧尾羽淡棕色；下体黄褐色，胸沾棕，腹中部近白色。

习性：栖息于山地、森林、河谷、林缘和居民点附近的灌丛与低矮树丛。常单独或成对活动。行动敏捷，频繁地在地上和灌丛间跳来跳去啄食虫子。性胆怯，见人即藏匿于丛林内。主要以昆虫为食。每年繁殖期为4—7月；每年繁殖2～3窝，每窝产卵6～8枚。

保护状态："三有名录"动物；濒危等级为无危（LC）。

本地种群现状：见于依浪沟、满子沟、格日则沟等。种群规模表现为分布十分狭小、数量相对较少。

北红尾鸲（雌鸟）

北红尾鸲（雄鸟）

红腹红尾鸲 *Phoenicurus erythrogastrus* 鹟科 夏候鸟

英文名：White-winged Redstart。

鉴别特征：体长16～19 cm。虹膜褐色；喙黑色。**雄鸟**头顶至颈白色或白色沾灰，头侧、颈侧、背、肩和翼上覆羽黑色；腰、尾上覆羽和尾锈棕色或栗棕色，中央尾羽尖端黑褐色；飞羽黑褐色或黑色，具大而显著的白色翼斑；颏、喉、上胸黑色，下胸、腹至尾下覆羽锈棕色。**雌鸟**（未拍摄到）眼圈白色，头顶至背橄榄褐色，头顶和后颈缀灰色；腰、尾上覆羽和尾呈栗棕色，中央尾羽较外侧尾羽暗而褐；飞羽褐色，无翼斑；下体浅灰棕色，下胸、两胁和尾下覆羽赭黄色，腹中部近白色。

习性：主要栖息于高山灌丛、草甸、裸岩、沟谷、溪流、荒坡，一直到雪线下的流石滩。除繁殖期成对外，多单独活动，有时也成小群。性惧生而孤僻，常停歇在树、灌木枝头、岩石上，多在地上觅食，尾常不停地上下摆动。主要以甲虫、象鼻虫等昆虫为食。每年繁殖期

红腹红尾鸲（雄鸟）

为6—7月。每窝产卵3～5枚。

保护状态："三有名录"动物；濒危等级为无危（LC）。

本地种群现状：见于发电沟、执洪沟等。种群规模表现为分布十分狭小、数量很少。

白顶溪鸲 *Chaimarrornis leucocephalus* 鹟科 留鸟

英文名：White-capped Water-redstart。

鉴别特征：体长16～20 cm。虹膜褐色；喙黑色。**雄鸟**头顶至枕部白色；前额、眼先、眼上、头侧和背深黑色，沾亮灰色；腰、尾上覆羽及尾羽深栗红色，尾具宽阔的黑色端斑；颏至胸深黑色，沾亮灰色；腹至尾下覆羽深栗红色。**雌鸟**与雄鸟同色，但各羽色泽较雄体略稍暗淡，且少亮灰色。

习性：栖息于山区河谷、山间溪流边的岩石、河川的岸边。常单只或成对活动，有时3～5只在一起互相追逐。活动或站立时，尾部竖举、散开呈扇形，并上下不停地弹动。一般不太怕人，但受惊时即快速

白顶溪鸲

起飞，顺河川飞去，边飞边发出鸣叫声。有时伏栖于岩石或岸边树枝，不叫也不动地停留很久。以昆虫为食。每年繁殖期为4—6月，一年繁殖2窝，每窝产卵3～5枚。

保护状态："三有名录"动物；濒危等级为无危（LC）。

本地种群现状：见于水磨沟、发电沟、红军沟、上贡沟、依浪沟、美浪沟、灯塔水磨沟、上俄沟、满子沟、沙沟、哑巴沟、格日则沟等。种群规模表现为分布较广、数量十分丰富。

黑喉石䳭 *Saxicola maurus* 鹟科 夏候鸟

英文名：Siberian Stonechat。

别名：谷尾鸟、黑眼石。

鉴别特征：体长11～15 cm。虹膜深褐色；喙黑色。**雄鸟**整个头部黑色；背和肩黑色，微缀棕栗色羽缘，至腰逐渐变灰；尾上覆羽白色；颈侧具白斑和棕栗色羽缘；飞羽黑褐色，外侧覆羽黑色而内侧覆羽白色；尾羽黑色；喉黑色，胸栗棕色，至腹部逐渐变为淡

黑喉石䳭（雄鸟）

栗棕色。**雌鸟**（未拍摄到）额基和眉纹淡棕褐色；头、颈、背及肩黑褐色，头及颈具淡棕褐色羽缘，背及肩具淡棕褐色宽缘；腰淡棕褐色，尾上覆羽近白色；尾羽黑褐色；颏和喉淡棕白色，胸棕色。

习性：主要栖息于草地、沼泽、田间灌丛、旷野以及湖泊与河流沿岸附近灌丛草地。常单独或成对活动，平时喜站在灌木枝头和小树顶枝上，并不断地扭动着尾羽。主要以昆虫为食，每年繁殖期为4—7月，一年繁殖1窝，每窝产卵5～8枚。

保护状态："三有名录"动物；濒危等级为无危（LC）。

本地种群现状：仅见于美浪沟。种群规模表现为分布十分狭小、数量很少。

锈胸蓝姬鹟 *Ficedula sordida* 鹟科 夏候鸟

英文名：Slaty-backed Flycatcher。

鉴别特征：体长11～14 cm。虹膜暗褐色；喙黑色；**雄鸟**（未拍摄到）

锈胸蓝姬鹟（雌鸟）

眼先和颊绒黑色，耳羽蓝黑色；整个上体包括两翼覆羽暗灰蓝色或石板蓝色；尾上覆羽几近黑色；飞羽黑褐色，羽缘多呈橄榄棕色；尾黑色具窄的蓝色羽缘，除中央一对尾羽外，其余外侧尾羽基部白色；颏、喉、胸和两胁亮橙棕色或橙栗色；腹至尾下覆羽渐淡，多为淡棕色或皮黄白色。**雌鸟**眼先和眼周白色或污黄白色；上体橄榄褐色或橄榄绿褐色，尾上覆羽沾棕；两翼覆羽和尾暗褐色，翼上大覆羽具棕白色端斑；颏、喉、胸淡沙灰褐色或浅褐色，胸沾皮黄色，腹和尾下覆羽白色。

习性：主要栖息于山地常绿阔叶林、针阔叶混交林和针叶林中，也见于竹林、林缘疏林和杜鹃灌丛中。常单独或成对活动，偶尔也成小群。多在林下灌丛和竹丛间活动和觅食，也从停歇的枝头飞到空中捕食飞行性昆虫。以昆虫和昆虫幼虫为食。每年繁殖期为4—7月。

保护状态：“三有名录”动物；濒危等级为无危（LC）。

本地种群现状：见于水磨沟、发电沟、美浪沟、满子沟、沙沟、哑巴沟、格日则沟等。种群规模表现为分布很狭小、数量相对较多。

戴菊 *Regulus regulus* 戴菊科 留鸟

英文名：Goldcrest。

鉴别特征：体长8～11 cm。虹膜褐色；喙黑色。**雄鸟**眼周和眼后上方灰白或乳白色；上体橄榄绿色，前额基部灰白色，头顶中央有一前窄后宽略似锥状的橙色斑，腰和尾上覆羽沾黄色；翼上覆羽和飞羽黑褐色，具两道明显的淡黄白色翼斑。尾黑褐色，外翈橄榄黄绿色；下体污白色，羽端沾少许黄色，体侧沾橄榄灰色或褐色。**雌鸟**大致与雄鸟相似，但羽色较暗淡，头顶中央锥形斑柠檬黄色。

习性：主要栖息于针叶林和针阔叶混交林。除繁殖期单独或成对活动外，其他时间多成群。性活泼好动，行动敏捷，常在树枝间跳来跳去或飞飞停停，边觅食边前进。以昆虫为食，也吃少量植物种子。每年繁殖期为5—7月。

保护状态：“三有名录”动物；濒危等级为无危（LC）。

本地种群现状：见于发电沟、红军沟、下贡沟、依浪沟、执洪沟、灯塔水

戴菊

磨沟、上俄沟、满子沟、格日则沟等。种群规模表现为分布较狭小、数量相对较多。

鸲岩鹨 *Prunella rubeculoides* 岩鹨科 留鸟

英文名：Robin Accentor。

鉴别特征：体长14～17 cm。虹膜红褐色；喙黑色。前额、头顶、枕、头侧、后颈和颈侧褐色或灰褐色。背、肩、腰棕褐色，具宽阔的黑色羽干纹。尾上覆羽橄榄褐色，尾羽褐色，羽缘色淡。颏、喉、前颈灰褐色，胸栗红色，有时具不明显的黑色颈环，下胸、腹、两胁白色或棕白色，尾下覆羽浅棕色具棕褐色羽干纹。

习性：栖息于高山灌丛、草甸、草坡、河滩、牧场等高寒生境。除繁殖期单独或成对活动外，其他季节多成群。善于在地上奔跑觅食，温驯而不惧生。鸣声简单而甜美。主要以昆虫为食，也吃草籽、植物果实。每年繁殖期为5—7月，每窝产卵3～5枚。

保护状态：“三有名录”动物；濒危等级为无危（LC）。

鸲岩鹨

本地种群现状：见于吉拉沟、发电沟、石灰沟、红军沟、下贡沟、依浪沟、美浪沟、灯塔水磨沟、下俄沟、满子沟、沙沟、格日则沟等。种群规模表现为分布较广、数量很丰富。

棕胸岩鹨 *Prunella strophiata* 岩鹨科 留鸟

英文名：Rufous-breasted Accentor。

鉴别特征：体长 12 ～ 16 cm。虹膜浅褐色；喙黑褐色，基部黄色。眼先、颊、耳羽黑褐色，眉纹前段白色较窄、后段棕红色较宽阔。上体棕褐或淡棕褐色，各羽具宽阔的黑色或黑褐色纵纹，腰和尾上覆羽羽色稍较浅淡，黑色纵纹亦不显著。尾褐色，羽缘较淡。颏、喉白色，杂黑褐色斑点或纵纹。胸棕红色，形成宽阔的胸带；下胸和腹白色，具黑色纵纹。两胁和尾下覆羽棕白色，具黑褐色纵纹。

习性：栖息于高山灌丛、草地、沟谷、牧场、高原和林线附近。除繁殖期成对或单独活动外，其他季节多呈家族群或小群活动。性活泼而机警，常在地上活动和觅食，当人接近时，则立刻起飞。以植食性为

棕胸岩鹨

主，兼食少量昆虫。每年繁殖期为6—7月，每窝产卵3～6枚。

保护状态：“三有名录”动物；濒危等级为无危（LC）。

本地种群现状：见于水磨沟、王柔沟、石灰沟、红军沟、依浪沟、上俄沟、满子沟、沙沟、格日则沟等。种群规模表现为分布较狭小、数量相对较多。

褐岩鹨 *Prunella fulvescens* 岩鹨科 留鸟

英文名：Brown Accentor。

鉴别特征：体长13～16 cm。虹膜黄褐色；喙黑褐色，嘴基较淡。眼先、颊、耳羽黑色。眉纹长而宽阔，白色或皮黄白色。前额、头顶、枕褐色或暗褐色。背、肩灰褐或棕褐色，具暗褐色纵纹；腰和尾上覆羽淡褐色，无纵纹。尾褐色，具淡色羽缘。颏、喉白色或皮黄白色，下体余部赭皮黄色或淡棕黄色，腹中部较淡。

习性：栖息于高原草地、荒野、农田、牧场、荒漠、半荒漠和裸岩等处。在繁殖期间常单独或成对活动，非繁殖期则多成群。地栖性，在地

面活动和寻食，冬季多游荡到海拔较低的地区。以甲虫、蛾、蚂蚁等昆虫为食。每年繁殖期为5—7月；每窝产卵4～5枚。

保护状态：“三有名录”动物；濒危等级为无危（LC）。

本地种群现状：见于执洪沟、满子沟。种群规模表现为分布十分狭小、数量很少。

栗背岩鹨 *Prunella immaculata* 岩鹨科 留鸟

英文名：Maroon-backed Accentor。

鉴别特征：体长13～16 cm。虹膜橙黄色。眼先暗黑色；额灰色，具苍白色尖端或淡灰色羽缘。头顶至枕深灰色。肩和上背灰色，缀金棕色或茶黄色；下背栗红色，腰和尾上覆羽橄榄灰色或金灰色，尾暗灰褐色。翼上覆羽灰色或蓝灰色，初级覆羽黑色；初级飞羽和外侧次级飞羽暗褐色。颏、喉、头侧、颈侧、胸和上腹灰色，下腹、两胁后部、肛周和尾下覆羽暗棕栗色或栗黄色，腹中部棕白色。

习性：主要栖息于高山上部针叶林、林缘灌丛、草甸、多岩石草地等处。

栗背岩鹨

除繁殖期成对活动外，多成3～5只的小群，偶尔也成大群。地栖性为主，常在地面或灌丛中活动和觅食。主要以鞘翅目、直翅目等昆虫和昆虫幼虫为食，每年繁殖期为5—7月，每窝产卵3～5枚，卵蓝色。

保护状态：“三有名录”动物；濒危等级为无危（LC）。

本地种群现状：见于灯塔水磨沟、格日则沟。种群规模表现为分布十分狭小、数量相对较少。

麻雀 *Passer montanus* 雀科 留鸟

英文名：Eurasian Tree Sparrow。

别名：家雀、树麻雀等。

鉴别特征：体长12～15 cm。虹膜暗红褐色；喙黑色，下喙基部黄色。**成鸟**，耳羽、颊和颈侧白色，耳羽后具一黑色块斑；额至后颈栗褐色，颈背具完整的灰白色领环；背至尾上覆羽沙褐色，背具黑色纵纹，并缀棕褐色；尾暗褐色，羽缘较浅淡；胸和腹淡灰近白，

麻雀

沾褐色，两胁转为淡黄褐色，尾下覆羽与之相同。**亚成鸟**，似成鸟但色较黯淡，嘴基黄色。

习性：栖息于山地、平原、丘陵、草原、沼泽、农田、乡村和城镇，并为害农作物。除繁殖期外，常成群活动，特别是秋冬季节，集群多达数百只，甚至上千只。性大胆，不甚怕人，也很机警、活泼，频繁地在地上奔跑，并发出唧唧喳喳的叫声，显得较为嘈杂。以谷粒、草籽、种子、果实等植物性食物为食，繁殖期也吃昆虫。每年繁殖期为3—8月，一年繁殖2～3次。

保护状态："三有名录"动物；濒危等级为无危（LC）。

本地种群现状：仅见于水磨沟。种群规模表现为分布十分狭小、数量很少。

石雀 *Petronia petronia* 雀科 留鸟

英文名：Rock Sparrow。

鉴别特征：体长13～16 cm。虹膜深褐色；喙灰褐色，下喙基黄色。眉纹皮黄白色长而显著，颊和耳覆羽褐色。贯眼纹、前额和头顶两侧

石雀

暗褐色，头顶中央至枕灰褐色，形成一条宽阔的中央淡色带。后颈至尾上覆羽淡褐或淡灰褐色，背、肩羽缘皮黄色具暗褐色纵纹，腰和尾上覆羽具不明显的淡色羽缘。翼上覆羽和飞羽暗褐色，具两条白色横斑。尾羽褐色。下体黄白色，喉部有黑色点斑和黄色斑，胸侧和两胁暗褐色或暗赭褐色纵纹。

习性：栖于荒芜山丘及多岩的沟壑深谷。常成对、小群或疏散的群，常与家麻雀在一起。在地上跑和跳，飞行有力。叫声多变，很像家麻雀。以草籽和甲虫为食。每年5月开始繁殖，每年产2～3窝卵。

保护状态："三有名录"动物；濒危等级为无危（LC）。

本地种群现状：仅见于灯塔水磨沟。种群规模表现为分布十分狭小、数量很少。

褐翅雪雀 *Montifringilla adamsi* 雀科 留鸟

英文名：Black-winged Snowfinch。

鉴别特征：体长14～18 cm。虹膜黑褐色；喙黑色，繁殖期基部黄色。

褐翅雪雀

眼先、颊、头侧和颈侧棕褐色。额、头顶至腰灰褐色，具暗褐色羽干纹。两翼黑褐色，次级飞羽具宽的白色羽端，形成白斑。尾上覆羽和1对中央尾羽黑色；其余尾羽白色，具黑色端斑。颏、喉黄白色，羽基黑色，磨损后羽基黑色常常局部外露，在颏、喉部形成黑色斑点。两胁和尾下覆羽黄褐色。

习性：栖息于高山草地、草原和有稀疏植物的荒漠与半荒漠地带。常成对和成小群活动，秋冬季节集群较大，有时多达百只以上。多在地上活动，奔跑迅速，行动敏捷。有时也飞翔，但不远飞和高飞。以草籽、植物碎片为食。每年繁殖期为6—8月。

保护状态："三有名录"动物；濒危等级为无危（LC）。

本地种群现状：仅见于红军沟。种群规模表现为分布十分狭小、数量很少。

白腰雪雀 *Montifringilla taczanowskii* 雀科 留鸟

英文名：White-rumped Snowfinch。

鉴别特征：体长13 ～ 18 cm。眼先黑褐色，前额白色，具暗褐色贯眼纹

白腰雪雀1

白腰雪雀2

和白眉纹。头顶、枕、后颈、颊、耳羽和颈侧淡灰褐色。背肩沙褐色，具暗褐色纵纹；腰白色。两翼黑褐色，次级飞羽具白色端斑。尾上覆羽白色，具黄褐色或土褐色端斑。中央1对尾羽黄褐（夏）或暗褐（冬）色，其余尾羽黑褐色具白色端斑，且越往外侧白色端斑越大。下体白色或污白色，胸沾褐灰色。亚成鸟多沙褐色，腰无白色。虹膜——黑褐色；喙——黄色，端黑；脚——黑色。

习性：栖于高山草地、草原和有稀疏植物的荒漠和半荒漠地带。成对或小群活动，冬季进行小范围的游荡或垂直迁徙。善于在地上奔跑、跳跃。飞翔甚有力，但飞行高度较低，每次飞行距离不远。

保护状态：中国特有种，“三有名录”动物；濒危等级为无危（LC）。

本地种群现状：仅见于红军沟。种群规模表现为分布十分狭小、数量很丰富。

棕颈雪雀 *Pyrgilauda ruficollis* 雀科 留鸟

英文名：Rufous-necked Snowfinch。

棕颈雪雀

鉴别特征：体长13～16 cm。虹膜褐色或橙红色；喙黑色，亚成鸟偏粉色、喙端深色。眼先黑色，具明显的贯眼黑纹；耳羽棕黑色；额灰白色，中央较深。头顶暗灰褐色，枕及后颈棕褐色，颈侧棕色延至前胸两侧。背暗褐色，具较明显的黑褐色羽干纹；尾上覆羽褐色，除中央1对尾羽黑褐色外，其余尾羽黑褐色并具灰白色的次端斑。颊、喉白色，后者具2条分开的黑褐色纵纹；下体余部灰白色，两胁和尾下覆羽羽端沾棕。

习性：栖息于高山裸岩、草地、草原和高原。繁殖期多成对活动，其他季节常集小群活动，冬季与其他雪雀混群。在地上活动，也出入于鼠兔洞穴中，善奔跑跳跃，行动敏捷，飞行快而有力，但每次飞行距离不远。甚不惧人，喜站在较高的石头和岩石上鸣叫。以昆虫、植物种子为食。

保护状态：中国特有种，"三有名录"动物；濒危等级为无危（LC）。

本地种群现状：仅见于红军沟。种群规模表现为分布十分狭小、数量相对较多。

黄头鹡鸰 *Motacilla citreola* 鹡鸰科 夏候鸟

英文名：Citrine Wagtail。

鉴别特征：体长15～20 cm。虹膜深褐色；喙黑色；脚近黑色。**雄鸟**整个头颈鲜黄色，有的后颈在黄色下面还有一窄的黑色领环，背黑色或灰色，腰暗灰色；翼黑褐色，翼上覆羽和内侧飞羽具宽的白色羽缘，形成两道白斑；尾上覆羽和尾羽黑褐色，外侧两对尾羽具大型楔状白斑；下体鲜黄色。**雌鸟**额和头侧灰黄色，具黄色眉纹；头顶黄色，杂少许灰褐色；上体余部黑灰色或灰色；下体黄色。

习性：主要栖息于湖畔、河边、农田、草地、沼泽等生境。常成对或成小群活动，迁徙季节和冬季，有时也集成大群。常沿水边小跑追捕食物。栖息时尾上下摆动。以昆虫为食。

保护状态："三有名录"动物；濒危等级为无危（LC）。

本地种群现状：仅见于格日则沟。种群规模表现为分布十分狭小、数量相对较少。

黄头鹡鸰（雄鸟）

黄头鹡鸰（雌鸟）

灰鹡鸰 *Motacilla cinerea* 鹡鸰科 旅鸟

英文名：Gray Wagtail。

别名：马兰花儿、白颤儿等。

鉴别特征：体长 17 ～ 19 cm。虹膜褐色；嘴黑褐色；脚肉褐色或暗绿色。**雄鸟**眉纹和颧纹白色，眼先、耳羽灰黑色；前额、头顶、枕和后颈灰色；肩、背、腰灰色，沾暗绿褐色；翼上覆羽和飞羽黑褐色，有一道明显的白色翼斑；尾上覆羽鲜黄色，部分沾褐色。**雌鸟**与雄鸟相似，但上体较绿灰，颏、喉白色。与黄鹡鸰的区别在上背灰色，飞行时白色翼斑和黄色的腰显现，且尾较长。

习性：主要栖息于溪流、河谷、湖泊、水塘、沼泽等水域附近。常单独或成对活动，有时也集成小群或与白鹡鸰混群。飞行时两翼一展一收，呈波浪式前进，并不断发出鸣叫声。以昆虫为食。每窝产卵 3 ～ 5 枚。

保护状态："三有名录"动物；濒危等级为无危（LC）。

灰鹡鸰

灰鹡鸰（亚成鸟）

本地种群现状：仅见于格日则沟。种群规模表现为分布十分狭小、数量很少。

白鹡鸰 *Motacilla alba* 鹡鸰科 留鸟

英文名：White Wagtail。

别名：白颊鹡鸰。

鉴别特征：体长18～20 cm。虹膜褐色；喙黑色；脚黑色。颊、额、头顶前部和眉纹白色，头顶后部、枕和后颈黑色。上体灰色，背、肩偏黑；两翼黑色，具白色翼斑。尾长而窄，尾羽黑色，最外两对尾羽主要为白色。颏及喉白色或黑色；下体白色，胸具标志性的黑色倒三角形斑块，下体余部白色。

习性：栖息于近水的开阔地带、稻田、溪流边及道路上。受惊时飞行骤降并发出示警叫声。以昆虫为食，兼食少量植物。每年繁殖期为4—7月。

保护状态："三有名录"动物；濒危等级为无危（LC）。

本地种群现状：见于发电沟、红军沟、上贡沟、依浪沟、美浪沟、上俄

白鹡鸰

沟、满子沟、沙沟、哑巴沟、格日则沟等。种群规模表现为分布较广、数量很丰富。

树鹨 *Anthus hodgsoni* 鹡鸰科 夏候鸟

英文名：Olive-backed Pipit。

别名：木鹨、麦如蓝等。

鉴别特征：体长14 ～ 17 cm。虹膜红褐色；上喙黑色，下喙肉黄色。眼先黄白色或棕色，具黑褐色贯眼纹；眉纹自嘴基起棕黄色，后转为白色或棕白色。上体橄榄绿色或绿褐色，头顶具细密的黑褐色纵纹，往后到上背纵纹逐渐不明显；下背、腰至尾上覆羽几纯橄榄绿色。两翼黑褐色具橄榄黄绿色羽缘，中覆羽和大覆羽具白色或棕白色端斑。尾羽黑褐色具橄榄绿色羽缘，最外侧1对尾羽具大型楔状白斑，次1对外侧尾羽仅尖端白色。颏、喉白色或棕白色，喉侧有黑褐色颧纹；胸皮黄白色或棕白色，其余下体白色，胸和两胁具粗的黑色纵纹。

树鹨

习性：主要栖息于阔叶林、混交林、针叶林等山地森林及低山灌丛、草地。常成对或成3～5只的小群活动，在迁徙期间亦成较大的群。站立时尾常上下摆动。以昆虫为食，冬季兼食植食性食物。每年繁殖期为6—7月，每窝产卵4～5枚。

保护状态：“三有名录”动物；濒危等级为无危（LC）。

本地种群现状：见于依浪沟、美浪沟、沙沟、哑巴沟等。种群规模表现为分布十分狭小、数量相对较多。

粉红胸鹨 *Anthus roseatus* 鹡鸰科 夏候鸟

英文名：Rosy Pipit。

鉴别特征：体长13～18 cm。虹膜褐色；喙黑色；脚肉色。**夏羽**，眉纹白色沾粉红，并延伸至颈部，头侧和颈暗灰色；头顶和背橄榄灰色或绿褐色，具黑褐色纵纹；腰和尾上覆羽橄榄灰色，无纵纹；两翼暗褐色，具灰白色羽缘；大和中覆羽端灰白色，形成两道翼斑；最外侧一对尾羽端部具较大的楔状白斑；颏至胸部淡灰葡萄

粉红胸鹨

红色，胸及两胁具黑色点斑或纵纹，下体余部乳白色或棕白色。**冬羽**，上体较多橄榄灰色；下体颏至胸灰棕色，微沾葡萄红色，胸和两胁均具黑色纵纹。

习性：栖息于灌丛、草地、沼泽、草原、耕地及疏林等开阔环境。常单独或成对活动，迁徙季节和冬季也集成小群。性活泼，不畏人。常奔跑觅食，受惊扰时则飞到附近树上。食物主要为昆虫，兼食植食性食物。每年繁殖期为5—7月。

保护状态："三有名录"动物；濒危等级为无危（LC）。

本地种群现状：见于友谊桥、仁钦果等。种群规模表现为分布十分狭小、数量相对较少。

白斑翅拟蜡嘴雀 *Mycerobas carnipes* 燕雀科 留鸟

英文名：White-winged Grosbeak。

别名：蜡嘴雀。

鉴别特征：体长19～25 cm。虹膜褐色或红褐色；喙紫黑色，下嘴较淡。

白斑翅拟蜡嘴雀（雄鸟和亚成鸟）

白斑翅拟蜡嘴雀（雌鸟）

白斑翅拟蜡嘴雀（雄鸟）

雄鸟整个头部至颈和胸烟黑色，背和腰橄榄黄色；翼黑色，具较大的白色翼斑和较小的橄榄黄色翼斑；尾上覆羽黑色，尖端橄榄黄色；尾羽黑色；腹、体侧及两胁橄榄黄色；尾下覆羽橄榄黄色；护腿羽暗灰色。**雌鸟**与雄鸟近似，但羽色浅淡，全身黑色部分转为石板灰，绿黄色部分也较暗，而绿色较多；耳羽、颊和颈侧具白色轴纹。**亚成鸟**似雌鸟但褐色较重。

习性：栖息于高山针叶林及灌木丛。平时单个或成对，冬季常集合成群活动。性不怯，较活跃。飞翔显得笨拙而低矮。以植物种子为食。

保护状态："三有名录"动物；濒危等级为无危（LC）。

本地种群现状：见于吉拉沟、水磨沟、石灰沟、灯塔水磨沟、沙沟、哑巴沟、格日则沟等。种群规模表现为分布较狭小、数量相对较多。

灰头灰雀 *Pyrrhula erythaca* 燕雀科 留鸟

英文名：Gray-headed Bullfinch。

别名：灰雀。

灰头灰雀（雌鸟）

灰头灰雀（雄鸟）

鉴别特征：体长17～20 cm。虹膜深褐色；喙近黑色。**雄鸟**眉纹棕白色，眉线短，左右相连；额、眼周、颊黑色；头和颈灰色，背和腰粉红色，尾上覆羽棕白色；翼上覆羽灰白色或灰褐色，具黑斑，飞羽和尾羽黑色；颏黑色，喉棕白色，胸及腹深橘黄色；尾下覆羽灰色，具纵纹。**雌鸟**全身多橄榄褐色，上下体均具浓密纵纹；胸及腹同背色，其他同雄鸟。

习性：栖息于常绿阔叶林、针阔混交林、高山草甸及裸岩等地。常单独或成对活动，冬季结小群。性大胆，常活动于林下灌丛中，有时也到地面活动和觅食。活动时频繁发出叫声，有时边飞边叫，叫声柔和悦耳。每年繁殖期为5—8月。

保护状态："三有名录"动物；濒危等级为无危（LC）。

本地种群现状：见于发电沟、依浪沟、美浪沟、灯塔水磨沟、满子沟、哑巴沟、格日则沟等。种群规模表现为分布较狭小、数量相对较多。

林岭雀 *Leucosticte nemoricola* 燕雀科 夏候鸟

英文名：Plain Mountain Finch。

鉴别特征：体长14～17 cm。虹膜红褐色；喙淡褐色或黑褐色，基部较淡。眉纹污白色不明显；颊和耳羽棕褐色，具淡色羽干纹。额、头顶和背暗褐色，羽缘淡棕色。翼黑褐色，具棕白色羽缘，形成排列整齐的纵纹。腰灰褐色，微具棕色或白色羽缘。尾上覆羽黑褐色，具宽的白色端斑。尾凹形，暗褐色，具窄的棕色羽缘。喉至腹灰褐色，具白色羽缘。肛周和尾下覆羽淡灰褐色，具宽阔的白缘和尖端。

习性：栖息于高山和亚高山草甸、灌丛和林缘地带。常单独和成对活动，也成3～5只的小群，冬季有时也见数十只甚至上百只的大群。主要在地上觅食，休息时多站在灌木上或一些孤立的树上。植食性为主，繁殖期兼吃昆虫。每年繁殖期为5—8月。

保护状态："三有名录"动物；濒危等级为无危（LC）。

本地种群现状：见于水磨沟、发电沟、红军沟、依浪沟、灯塔水磨沟、满子沟等。种群规模表现为分布很狭小、数量十分丰富。

林岭雀

高山岭雀 *Leucosticte brandti* 燕雀科 留鸟

英文名：Black-headed Mountain Finch。

鉴别特征：体长16～19 cm。虹膜褐色；喙黑灰色。眼先、眼周、前额、头顶前部和颊黑色；头顶后部、枕、后颈和上背灰褐色或暗褐色，具淡色羽缘；下背、肩灰褐色，具暗色中央纹和宽的灰色羽缘。翼淡灰色或灰褐色，小覆羽具窄的玫瑰红色羽缘，其他具白色羽缘。腰褐色或暗褐色，有时具玫瑰色或粉红色羽缘。尾上覆羽褐色，具灰白色或白色羽缘和尖端。尾黑褐色，具棕白色羽缘。颏、喉、胸暗灰褐色，羽缘淡灰色；下体余部淡灰色，微具不明显的暗色轴纹，翼下覆羽较淡。

习性：栖息于高山裸岩砾石、草甸、岩石、荒漠及半荒漠。常成几只至10多只的小群，有时与雪雀混群。有时也单独或成对活动。性活泼，行动敏捷，飞行有力且速度快。多在地上、有时也在灌木上觅食。

保护状态："三有名录"动物；濒危等级为无危（LC）。

高山岭雀1

高山岭雀2

本地种群现状：见于水磨沟、王柔沟等。种群规模表现为分布十分狭小、数量相对较少。

普通朱雀 *Carpodacus erythrinus* 燕雀科 夏候鸟

英文名：Common Rosefinch。

别名：红麻料、青麻料。

鉴别特征：体长13～16 cm。虹膜深褐色；喙灰褐色，下喙较淡；脚黑褐色。**雄鸟**眼先暗褐色，有时微染白色，耳羽褐色而杂粉红色；额、头顶、枕深朱红色；后颈、背、肩暗褐色，沾深朱红色或红色；腰和尾上覆羽玫瑰红色或深红色；尾羽黑褐色，羽缘沾棕红色；翼黑褐色，翅上覆羽具宽的洋红色羽缘，飞羽外翈具窄的土红色羽缘；两颊、颏、喉和上胸朱红色，下胸至腹和两胁淡红色；腹中央至尾下覆羽白色或灰白色，微沾粉红色。**雌鸟**上体灰褐或橄榄褐色，头顶至背具暗褐色纵纹；翼和尾黑褐色，具窄的橄榄黄色羽缘；下体灰白或皮黄白色，颏、喉、胸和两胁具暗褐色纵纹。

普通朱雀（雌鸟）

习性：主要栖息于针叶林和针阔叶混交林及其林缘地带，多在林间空地、灌丛及溪流旁。常单独或成对活动，非繁殖期则多成几只至10余只的小群活动和觅食。性活泼，频繁地在树枝间飞来飞去，多呈波浪式前进，有时亦见停歇在树梢或灌木枝头。以黑刺果和其他植物种子为食，每年繁殖期为5—8月。

保护状态："三有名录"动物；濒危等级为无危（LC）。

本地种群现状：见于灯塔水磨沟、满子沟、格日则沟等。种群规模表现为分布十分狭小、数量相对较少。

红眉朱雀 *Carpodacus pulcherrimus* 燕雀科 留鸟

英文名：Himalayan Beautiful Rosefinch。

鉴别特征：体长13 ～ 16 cm。虹膜深褐色或红褐色；喙灰褐色，下嘴较淡。**雄鸟**前额、眉纹、颊玫瑰粉红色，眼先、眼后和耳羽灰褐色或暗褐色；头顶至背、肩褐色，具黑褐色羽干纹，羽缘沾玫瑰粉红色；腰玫瑰粉红色，尾上覆羽褐色沾玫瑰红色；尾暗褐色，外翈

红眉朱雀（雄鸟）

红眉朱雀（雌鸟）

羽缘玫瑰红色；翼黑褐色，具两道玫瑰红色翼斑；下体玫瑰粉红色，两胁具黑褐色纵纹。**雌鸟**眉纹黄褐色，宽而不明显；上体灰褐色，具宽的黑褐色纵纹；下体淡黄色，具黑褐色纵纹。

习性：栖息于高山灌丛、草地、岩石荒坡和有稀疏植物生长的戈壁荒漠和半荒漠。常单独或成对活动，冬季亦成群。性温顺。在繁殖期间善鸣叫，鸣声悦耳。以草籽为食，也吃果实、浆果等植物性食物。每年繁殖期为5—8月，每窝产卵3～6枚。

保护状态：“三有名录”动物；濒危等级为无危（LC）。

本地种群现状：见于水磨沟、发电沟、石灰沟、红军沟、上贡沟、依浪沟、美浪沟、执洪沟、灯塔水磨沟、上俄沟、满子沟、沙沟、哑巴沟、格日则沟等。种群规模表现为分布很广、数量十分丰富。

曙红朱雀 *Carpodacus waltoni* 燕雀科 留鸟

英文名：Pink-rumped Rosefinch。

鉴别特征：体长12～15 cm。**雄鸟**眉纹长而宽阔，玫瑰粉红色；贯眼纹

曙红朱雀（雄鸟）

曙红朱雀（雌鸟）

暗红色从眼先至眼后，颊与眉纹同色。额暗红色，头顶、枕、后颈红褐色具细窄的黑褐色羽干纹，背、肩淡红褐色具粗的黑褐色纵纹，腰和尾上覆羽玫瑰红色；尾黑褐色，羽缘玫瑰粉红色；两翼黑褐色，翼上覆羽和初级飞羽外翈羽缘玫瑰红色，次级飞羽外翈具宽的淡黄白色羽缘；喉、颏一直到尾下覆羽玫瑰粉红色。**雌鸟**头部黑褐色羽干纹较细，上体灰褐色或皮黄色、具黑褐色羽干纹；下体淡皮黄色或皮黄白色，具细窄的黑褐色羽干纹。虹膜——褐色或黑褐色；喙——角褐色，下喙稍淡；脚——肉色或肉褐色。

习性：栖息于高山灌丛、草地和云杉林、针阔叶混交林、河滩阔叶林及农田地边灌丛中。常单独或成对活动，冬季成群活动，有时与体型较大的红眉朱雀混群。在岩石和灌丛中觅食。性胆怯而善藏匿，频繁地在灌丛和岩石间进进出出。以草籽为食。

保护状态：“三有名录”动物；濒危等级为无危（LC）。

本地种群现状：仅见石灰沟。种群规模表现为分布十分狭小、数量很少。

长尾雀 *Carpodacus sibiricus* 燕雀科 留鸟

英文名：Long-tailed Rosefinch。

鉴别特征：体长 14 ～ 17 cm。虹膜褐色；喙角褐色，下喙较淡。**雄鸟**额、眼先深玫瑰红色；眉纹珠白色，耳羽和颊珠白色沾红；头顶亮粉红色，羽端白色；后颈和上背灰褐色沾红，羽缘白色，具黑色羽干纹；下背和腰纯红色；尾上覆羽暗红色；尾羽黑褐色，缀粉红色羽缘；小覆羽暗红色，中覆羽白色沾红，大覆羽近黑色，尖端白而沾红；颏、喉和前颈珠白色沾红；下体余部玫瑰红色；胸侧鲜玫瑰红色，两胁后部白色。**雌鸟**（未拍摄到）额、眼先暗褐色，耳羽淡褐；头顶和枕淡沙褐色，略具暗色纵纹；颈和上背砂褐色，尾羽黑褐色，羽缘缀灰白色，最外侧2对尾羽黑褐色；小覆羽灰褐色，中覆羽白色基部褐色，大覆羽黑色具白色宽端；颊、颏和喉灰白色，具暗褐色条纹；胸、腹和两胁白色，胸和两胁具黑褐色狭纹；尾下覆羽近白色。

习性：主要栖息于灌丛、小树丛及稀树荒坡、林缘、公园、果园、苗圃。

长尾雀（雄鸟）

在繁殖期间常单独或成对活动，繁殖期后则呈家族群。性活泼，行动敏捷，常频繁地在枝间跳跃，也能灵巧地攀缘。不高飞，飞行速度亦较慢。以草籽等植物种子为食。每年繁殖期为5—7月，每窝产卵4～8枚。

保护状态："三有名录"动物；濒危等级为无危（LC）。

本地种群现状：见于红军沟、上贡沟、依浪沟、美浪沟、灯塔水磨沟、满子沟、哑巴沟、格日则沟等。种群规模表现为分布较狭小、数量相对较多。

斑翅朱雀 *Carpodacus trifasciatus* 燕雀科 留鸟

英文名：Three-banded Rosefinch。

鉴别特征：体长17～19 cm。虹膜暗褐色；喙角褐色或暗褐色，下喙基部淡黄色。**雄鸟**（未拍摄到）眼先暗红色，颊、耳羽、头侧、颏和喉黑色具粗的银白色条纹；前额银白色具有一窄的红色羽缘，在前额形成银白色鳞状斑；头顶、枕、后颈黑褐色具宽的暗红色羽

斑翅朱雀（雄鸟）

缘，背暗红色羽缘内缘有时还有一窄的灰边；腰玫瑰红色或暗红色；肩黑褐色，外翈具宽阔的白色端斑；两翅和尾黑褐色，翼上覆羽具玫瑰红色端斑，形成翼斑。**雌鸟**头灰褐色，先端黑色；后颈和背褐色沾棕具黑褐色纵纹，腰暗橙褐色；两翅和尾暗褐色，覆羽羽端灰白色；颊、颏、喉淡灰皮黄色具暗色狭缘；胸锈棕色或暗橙褐色，形成一条宽阔的胸带横跨在胸部；体侧具暗色纵纹；下体余部淡污灰色，腹中央白色。

习性：栖息于山地针叶林、针阔叶混交林和阔叶林中。常单独或成对活动，非繁殖期则多成几只至10余只的小群活动和觅食。每年繁殖期为5—7月，每窝产卵3～6枚。

保护状态："三有名录"动物；濒危等级为无危（LC）。

本地种群现状：仅见于美浪沟。种群规模表现为分布十分狭小、数量很少。

白眉朱雀　*Carpodacus dubius*　燕雀科　留鸟

英文名：Chinese White-browed Rosefinch。

白眉朱雀（雄鸟）

白眉朱雀（雌鸟）

鉴别特征：体长15～18 cm。虹膜暗褐色；喙灰褐色。**雄鸟**眉纹长而宽阔，珠白色；额基、眼先、颊深红色；头顶、枕、后颈、背、肩棕褐色，具黑褐色羽干纹；腰和尾上覆羽玫瑰红色；下体暗玫瑰红色，颏、喉和上胸具珠白色羽干纹，腹中央白色或灰白色。**雌鸟**前额白色杂黑色，眉纹皮黄白色；头顶至背橄榄褐或棕褐色，具宽的黑褐色纵纹；腰和尾上覆羽棕黄或金黄色，具细的暗褐色羽干纹；两翅和尾黑褐色，外翈羽缘色淡但无玫瑰色沾染；下体皮黄白色或污白色。

习性：栖息于高山灌丛、草地和生长有稀疏植物的岩石荒坡。成对或结小群活动，有时与其他朱雀混群。取食多在地面，休息时也常停歇在小灌木顶端。性较大胆。以杂草种子和果实为食，每年繁殖期为5—8月。

保护状态："三有名录"动物；濒危等级为无危（LC）。

本地种群现状：整个玛可河林区都可见。种群规模表现为分布十分广泛、数量很丰富。

金翅雀 *Chloris sinica* 燕雀科 留鸟

英文名：Oriental Greenfinch。

别名：绿雀、黄雀等。

鉴别特征：体长12～15 cm。虹膜栗褐色；喙黄褐色；脚肉褐色。**雄鸟**眼先、眼周灰黑色，前额、颊、眉区、头侧灰褐色，沾草黄色；头顶、枕至后颈灰褐色，沾黄绿色；背、肩和翼上覆羽暗栗褐色，微沾黄绿色；腰和短的尾上覆羽绿黄色，长的尾上覆羽灰色缀黄绿色；中央尾羽黑褐色，羽基沾黄，羽缘和尖端灰白色；颊、颏、喉橄榄黄色，胸和两胁栗褐色沾绿黄色，腹中央鲜黄色，下腹至肛周灰白色，翼下覆羽、腋羽和尾下覆羽鲜黄色。**雌鸟**与雄鸟相似，但羽色暗淡，上体少金黄色而多褐色，头顶至后颈具暗色纵纹；下体黄色亦较少，仅微沾黄色。

习性：栖息于低山灌丛、山脚、丘陵、旷野、人工林及林缘地带。常单独或成对活动，秋冬季节集群多达数十只甚至上百只。多在树冠层枝

金翅雀

叶间跳跃或飞来飞去，也到低矮的灌丛和地面活动和觅食。飞翔迅速，休息时多停栖在树上。以植食性为主。每年繁殖期为3—7月，每窝产卵2～5枚。

保护状态："三有名录"动物；濒危等级为无危（LC）。

本地种群现状：仅见于依浪沟。种群规模表现为分布十分狭小、数量很少。

黄嘴朱顶雀 *Linaria flavirostris* 燕雀科 留鸟

英文名：Twite。

别名：黄嘴雀。

鉴别特征：体长11～16 cm。虹膜深褐色；喙黄色或灰色；脚黑褐色。**雄鸟**额至背、肩沙棕或棕褐色，具粗的暗褐色羽干纹；腰淡玫瑰红色，尾上覆羽暗褐色具宽阔的白色羽缘；尾黑褐色；颏、喉和上胸沙棕，具黑褐色纵纹；下体余部淡灰白色，具黑褐色纵纹，下腹至尾下覆羽纵纹不明显。**雌鸟**与雄鸟相似，但腰下无红色，呈

黄嘴朱顶雀

淡皮黄色，具淡褐色纵纹和白色羽缘。

习性：夏季栖息于高山灌丛、草甸、岩石坡等。性喜群居，一般由20～30只组成，有的大群可达50多只；以家族群方式活动时间较长，喜在灌丛和杂草中活动。常在树上休息，在恶劣天气时则隐蔽于稠密的树冠中；每年繁殖期为5—8月。

保护状态：“三有名录”动物；濒危等级为无危（LC）。

本地种群现状：仅见于下俄沟。种群规模表现为分布十分狭小、数量很少。

灰眉岩鹀 *Emberiza godlewskii* 鹀科 留鸟

英文名：Godlewski’s Bunting。

别名：灰眉子。

鉴别特征：体长15～17 cm。眉纹、颊、耳羽蓝灰色，贯眼纹棕褐色；头顶、枕、头侧、喉和上胸蓝灰色。背红褐色或栗色，具黑色中央纹。腰和尾上覆羽栗色，黑色纵纹少而不明显。下体红棕色或粉红

灰眉岩鹀

栗色。虹膜为深褐色；喙为蓝灰色，喙端近黑色；脚为粉褐色。

习性：栖息于干燥而多岩石的丘陵山坡、近森林而多灌丛的沟壑深谷。常成对或单独活动，非繁殖季节成小群。在地上边走边啄食。在繁殖期间常站在灌木或幼树顶端、突出的岩石上鸣叫，鸣声洪亮悦耳，富有变化。每年繁殖期为5—8月。

保护状态："三有名录"动物；濒危等级为无危（LC）。

本地种群现状：见于发电沟、石灰沟、红军沟、上贡沟、依浪沟、美浪沟、满子沟、沙沟、格日则沟等。种群规模表现为分布较狭小、数量丰富。

参 考 文 献

[1] 邓小林. 对青海南部林区生态建设与保护的思考［J］. 中南林业调查规划，2018，37（3）：11-14.

[2] 邓小林. 玛可河：加快生态建设步伐［J］. 中国林业，2005（6）：16.

[3] 段文科，张正旺. 中国鸟类图志［M］. 北京：中国林业出版社，2017.

[4] 蒋志刚. 探索青藏高原生物多样性分布格局与保育途径［J］. 生物多样性，2018，26（2）：107-110.

[5] 蒋志刚，纪力强. 鸟兽物种多样性测度的G-F指数方法［J］. 生物多样性，1999，7（3）：220-225.

[6] 蒋志刚，江建平，王跃招，等. 中国脊椎动物红色名录［J］. 生物多样性，2016，24（5）：500-551.

[7] 李春风. 浅析玛可河林业局森林管护模式［J］. 林业经济，2008（11）：38-39.

[8] 李靖，葛晨，李忠秋，等. 青藏高原可可西里区段沿线的夏季鸟类［J］. 四川动物，2010，29（4）：657-659，667.

[9] 刘燕华. 玛可河林区水资源合理利用与生态环境保护［M］. 北京：科学出版社，2000.

[10] 马占宝. 玛可河林区森林防火现状及对策［J］. 现代农业科技，2014（15）：210-211.

[11] 聂延秋. 中国鸟类识别手册［M］. 北京：中国林业出版社，2017.

[12] 三木才. 海西蒙古族藏族自治州资源志［M］. 西安：三秦出版社，2007.

[13] 时保国，董得红. 青海省玛可河林业局天然林禁伐后面临问题的探讨［J］. 林业资源管理，2003（4）：15-18.

［14］苏海龙. 青海玛可河林区森林资源管护分析［J］. 中国林业，2011（9）：54.

［15］孙悦华. 莲花山的斑尾榛鸡［J］. 生命世界，2016（2）：15–17.

［16］陶永明，安焕霞. 玛可河林区林业有害生物防治工作存在的问题及对策［J］. 甘肃农业，2011（5）：24–25.

［17］王海，李孝繁. 参与式社区共管在藏区生物多样性保护中的应用——以长江流域青海班玛县玛可河社区为例［J］. 青海大学学报（自然科学版），2015，33（5）：92–97.

［18］汪松. 中国濒危动物红皮书［M］. 北京：科学出版社，1998.

［19］吴飞，杨晓君. 样点法在森林鸟类调查中的运用［J］. 生态学杂志，2008，27（12）：2240–2244.

［20］徐海燕. 天然林保护工程给玛可河林区带来的巨变分析报告［J］. 科技创新与应用，2019（32）：46–47.

［21］薛顺芝. 青海省玛可河林区森林火灾的发生规律及原因分析［J］. 山东林业科技，2014（5）：89–91.

［22］约翰・马敬能，卡伦・菲利普斯，何芬奇. 中国鸟类野外手册［M］. 长沙：湖南教育出版社，2000.

［23］张营，鲍敏，马永贵，等. 青海三江源玛可河保护区鸟类多样性研究［J］. 四川动物，2014，33（6）：926–930.

［24］郑光美. 中国鸟类分类与分布名录（第三版）［M］. 北京：科学出版社，2017.

［25］郑杰. 青海野生动物资源与管理［M］. 西宁：青海人民出版社，2004.

［26］中国科学院西北高原生物研究所. 青海经济动物志［M］. 西宁：青海人民出版社，1989.

［27］An B, Zhang L X, Browne S, et al. Phylogeography of Tibetan snowcock (*Tetraogallus tibetanus*) in Qinghai-Tibetan Plateau[J]. Molecular Phylogenetics and Evolution, 2009(50): 526–533.

［28］Meyer R, Schauensee D. The birds of China[M]. Washingtong: Smithsonian Institution Press, 1984.

［29］Sun Y H, Fang Y. Chinese grouse (*Bonasa sewerzowi*): its natural history, behavior and conservation[J]. Chinese Birds, 2010, 1(3): 215–220.